U0320928

果树

●陈 勇 刘 勇 黄恒文 主编

病虫害诊断与绿色防控

原色生态图谱

中国农业科学技术出版社

图书在版编目（CIP）数据

果树病虫害诊断与绿色防控原色生态图谱／陈勇，刘勇，黄恒文主编. —北京：中国农业科学技术出版社，2018.9

ISBN 978-7-5116-3828-1

Ⅰ.①果…　Ⅱ.①陈…②刘…③黄…　Ⅲ.①果树-病虫害防治-图谱　Ⅳ.①S436.6-64

中国版本图书馆 CIP 数据核字（2018）第 192512 号

责任编辑　白姗姗
责任校对　马广洋

出　版　者　中国农业科学技术出版社
　　　　　　　北京市中关村南大街 12 号　邮编：100081
电　　　话　（010）82106638（编辑室）　　（010）82109702（发行部）
　　　　　　　（010）82109709（读者服务部）
传　　　真　（010）82106650
网　　　址　http://www.castp.cn
经　销　者　各地新华书店
印　刷　者　北京建宏印刷有限公司
开　　　本　880 mm×1 230 mm　1/32
印　　　张　5.625
字　　　数　146 千字
版　　　次　2018 年 9 月第 1 版　2019 年 4 月第 2 次印刷
定　　　价　59.90 元

前　言

　　果树病虫害诊断与绿色防控是果树无公害生产的关键环节之一。生产上由于误诊或防治措施不当，造成果树减产或果实品质下降的现象时有发生，其主要原因在于许多果农缺少科学有效的病虫害诊断与防治技术，果农得不到及时有效的科学指导。

　　《果树病虫害诊断与绿色防控原色生态图谱》提及的病虫害均是发生比较严重且生产上需要重点考虑的防治对象，书中对这些病虫害的为害及诊断、绿色防控进行了全面的介绍，书中配有病虫害原色图谱，田间发生与为害症状图片，图片清晰、典型，易于田间识别和对照。介绍了苹果、梨、桃、樱桃、葡萄、枣、草莓、猕猴桃、核桃、柑橘、板栗、果树病虫害等内容。

　　本书围绕农民培训，以满足农民朋友生产中的需求。书中语言通俗易懂，技术深入浅出，实用性强，适合广大农民、基层农技人员学习参考。

编　者

2018 年 8 月

目　　录

第一章　苹果病害诊断与绿色防控

第一节　苹果褐斑病

【为害与诊断】

苹果褐斑病又称绿缘褐斑病，是引起苹果树早期落叶的最重要病害之一（图1-1）。

图1-1　苹果褐斑病为害情况

主要为害叶片，严重时也可为害果实。叶上病斑初为褐色小点，以后发展成3种类型病斑。①同心轮纹型：病斑圆形，中心为暗褐色，四周为黄色，周围有绿色晕圈，病斑中出现黑色小点，呈同心轮纹状（图1-2），病斑背面暗褐色，有时老病斑的中央灰白色。②针芒型：病斑似针芒状向外扩展，病斑小，布满叶片，后期叶片渐黄，病斑周围及背部绿色。③混合型：病斑多为圆形或数斑连成不规则形，暗褐色，病斑上散生无数黑色小粒，边缘有针芒状索状物。后期病叶变黄，而病斑周围仍为绿色。果实受害，果面上先出现淡褐色的小粒点，逐渐扩大成黑褐色病斑，表面散生黑色有光泽的小粒点。病部果肉褐色，疏松干腐，一般不深入果内。

图1-2　苹果褐斑病同心轮纹型病斑初期症状

【绿色防控】

冬季耕翻可减少越冬菌源。土质黏重或地下水位高的果园，要注意排水，同时注意整形修剪，使果树通风透光。苹果树落叶后及时清除病叶，结合修剪，剪除树上病残叶集中烧毁或深埋。

发病前注意喷施保护剂。从发病始期前10天开始，喷第1次药。以后根据降雨和田间发病情况，从5月中旬到8月中旬，间隔10~15天，连喷3~4次。未结果幼树可于5月上旬、6月上旬、7月上中旬各喷1次，多雨年份8月结合防治炭疽病再喷

1 次药。

  苹果褐斑病发病前期，注意用保护剂和适量的治疗剂混用。可以用下列药剂：70%代森锰锌可湿性粉剂 500~800 倍液+70%甲基硫菌灵悬浮剂 800 倍液。

  在大量叶片上出现病斑时，应及时进行治疗，可以施用下列药剂：10%苯醚甲环唑水分散粒剂 2 000~2 500 倍液；50%异菌脲可湿性粉剂 1 000~1 500 倍液；50%腈菌·锰锌（腈菌唑·代森锰锌）可湿性粉剂 800~1 000 倍液；12.5%腈菌唑可湿性粉剂 2 500 倍液等，在防治中应注意多种药剂的交替使用。

第二节　苹果腐烂病

【为害与诊断】

  主要为害结果树的枝干，幼树、苗木及果实也可受害。枝干症状有两类：①溃疡型：多在主干分叉处发生，初期病部为红褐色，略隆起，呈水渍状湿腐，组织松软，病皮易于剥离，有酒糟气味。后期病部失水干缩，下陷，硬化，变为黑褐色，病部表面产生许多小凸起，顶破表皮露出黑色小粒点(图 1-3)。②枝枯型：多发生在衰弱树上，病部红褐色，水渍状，不规则形，迅速蔓延至整个枝条，终使枝条枯死。果实症状：病斑红褐色，圆形或不规则形，有轮纹，边缘清晰。病组织腐烂，略带酒糟气味。潮湿时亦可涌出黄色细小卷丝状物。

【绿色防控】

  增强树势，提高抗病力是防治腐烂病的根本性措施。合理调整结果量、合理修剪，避免树势过弱。科学配方施用氮磷钾肥及微量元素。秋季施肥可增加树体的营养积累，改善早春的营养状况，提高树体的抗病能力，降低春季发病高峰时的病情。果园应建立良好的灌水及排水系统，实行秋控春灌对防治腐烂

图1-3　苹果腐烂病溃疡型病斑为害树皮症状

病很重要。

　　春季3—4月发病高峰之际（图1-4），结合刮粗翘皮，检查刮治腐烂病3次左右。刮治的基本方法是用快刀将病变组织及带菌组织彻底刮除，刮后必须涂药并妥善保护伤口。刮治必须达到以下标准：一要彻底，不但要刮净变色组织，而且要刮

图1-4　苹果腐烂病为害初期症状

去 0.5 厘米左右的好组织；二要光滑，即刮成梭形，不留死角，不拐急弯，不留毛茬，以利伤口愈合；三要表面涂药，可用下列药剂：10 波美度石硫合剂、3%抑霉唑膏剂 200~300 克/平方米、1.8%辛菌胺醋酸盐水剂 18~36 倍液、3.315% 甲基硫菌灵·萘乙酸原液涂沫剂。

第三节 苹果花叶病

【为害与诊断】

　　主要表现在叶片上，症状比较复杂。①轻花叶型：病叶上仅出现黄色斑点，叶形正常（图1-5、图1-6）。②重花叶型：叶片上出现大型褪绿斑区，鲜黄色，后为白色，幼叶沿叶脉变色，老叶上常出现大型坏死斑。③沿叶脉变色型：主脉及侧脉变色，脉间多小黄斑，有时有坏死斑，落叶较少。④条斑型：病叶沿叶脉失绿黄化，并延及附近的叶肉组织。有时仅主脉及

图1-5 苹果花叶病轻花叶型初期症状

支脉发生黄化，变色部分较宽；有时主脉、支脉、小脉都呈现较窄的黄化，使整叶呈网纹状。⑤环斑型：病叶上产生鲜黄色环状或近环状斑纹，环内仍呈绿色。

图1-6　苹果花叶病轻花叶型后期症状

【绿色防控】

选用无病毒接穗和实生砧木，采集接穗时一定要严格挑选健株。在育苗期加强苗圃检查，发现病苗及时拔除销毁。对病树应加强肥水管理，增施农家肥料，适当重修剪。干旱时应灌水，雨季注意排水。大树轻微发病的，增施有机肥，适当重剪，增强树势，减轻为害。

第四节　苹果银叶病

【为害与诊断】

主要表现在叶片和枝干。病叶呈淡灰色，略带银白色光泽

（图1-7、图1-8）。

图1-7　苹果银叶病为害叶片初期症状

图1-8　苹果银叶病为害叶片后期症状

　　病菌侵入枝干后，菌丝在木质部中扩展，向上可蔓延至一二年生枝条，向下可蔓延到根部、使病部木质部变为褐色，较干燥，有腥味，但组织不腐烂。在一株树上，往往先从一个枝上表现症状，以后逐渐增多，直至全株叶片变成"银叶"。银叶症状越严重，木质部变色也越严重。在重病树上，叶片上往往沿叶脉发生褐色坏死条点，用手指搓捻，病叶表皮易碎裂、卷曲。

【绿色防控】

增强树势，清洁果园，减少病菌污染。果园内应铲除重病树和病死树，刨净病树根，除掉根蘖苗，锯去初发病的枝干，清除蘑菇状物。防止园内积水。防治其他枝干病虫害，以增强树势，减少伤口。

药剂治疗：展叶后向木质部注射灰黄霉素100倍液，连续注射2~3次，秋后再注射1次，注射后加强肥水管理。对早期发现的轻病树，在加强栽培管理的基础上，采取药剂治疗。根据国外资料，对银叶病可用硫酸-8-羟基喹啉进行埋藏治疗。

第五节　苹果轮纹病

【为害与诊断】

主要为害枝干和果实（图1-9），有时也为害叶片。病菌侵染枝干，多以皮孔为中心，初期出现水渍状的暗褐色小斑点，逐渐扩大形成圆形或近圆形褐色瘤状物。病部与健部之间有较深的裂纹，后期病组织干枯并翘起，中央凸起处周围出现散生的黑色小粒点。在主干和主枝上瘤状病斑发生严重时，病部树皮粗糙，呈粗皮状。后期常扩展到木质部，阻断枝干树皮上下水分、养分的输导和贮存，严重削弱树势，造成枝条枯死，甚至死树、毁园的现象。果实进入成熟期陆续发病，发病初期在果面上以皮孔为中心出现圆形黑色至黑褐色小斑，逐渐扩大成轮纹斑。

图 1-9 苹果轮纹病为害果实

【绿色防控】

　　苹果轮纹病既侵染枝干，又侵染果实，就其损失而言重点是果实受害，但枝干发病与果实发病有极为密切的关系，在防治中要兼顾枝干轮纹病的防治。加强肥水管理，休眠期清除病残体。果实套袋能有效保护果实，防止烂果病的发生。

　　及时刮除病斑（图 1-10）：刮除枝干上的病斑是一个重要

图 1-10 苹果轮纹病为害情况

的防治措施。一般可在发芽前进行，刮除病斑后涂 70% 甲基硫菌灵可湿性粉剂 1 份加豆油或其他植物油 15 份涂抹即可。5—7月可对病树进行重刮皮。发芽前可喷一次 2~3 波美度石硫合剂或 5% 菌毒清水剂 30 倍液，刮病斑后喷药效果更好。

第六节　苹果炭疽病

【为害与诊断】

　　主要为害果实，也为害枝条。果实发病，初期果面出现淡褐色圆形小斑点，逐渐扩大，软腐下陷，腐烂果肉剖面呈圆锥状向果心扩展。病斑表面逐渐出现黑色小点，隆起，排列成轮纹状，潮湿时突破表皮涌出粉红色黏稠液状物（图 1-11）。

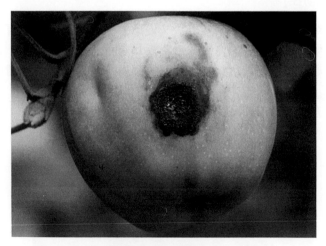

图 1-11　苹果炭疽病为害果实中期症状

【绿色防控】

　　深翻改土，及时排水，增施有机肥，避免过量施用氮肥，增强树势，提高抗病力。及时中耕除草，降低园内湿度，精细修剪，改善树体通风透光条件；结合冬季修剪，彻底剪除树上的枯死枝、病虫枝、干枯果台和小僵果等。生长期发现病果或当年小僵果应及时摘除。

在果树发芽前喷洒三氯萘醌 50 倍液、5%～10% 重柴油乳剂、65% 五氯酚钠可溶性粉剂 150 倍液或二硫基邻甲酚钠 200 倍液，可有效铲除树体上宿存的病菌。

在防治中应注意多种药剂的交替使用。在病害发生普遍时（图 1-12），应适当加大治疗剂的药量，可以施用：70% 甲基硫菌灵可湿性粉剂 500～600 倍液；50% 异菌脲可湿性粉剂 500～600 倍液；10% 苯醚甲环唑水分散粒剂 2 000～2 500 倍液；25% 溴菌腈乳油 300～500 倍液；25% 咪鲜胺乳油 750～1 000 倍液；12.5% 腈菌唑可湿性粉剂 2 500 倍液；50% 多·霉威（多菌灵·乙霉威）可湿性粉剂 1 000～1 500 倍液；5% 菌毒清水剂 400～500 倍液+20% 多·戊唑（多菌灵·戊唑醇）可湿性粉剂 1 000～1 500 倍液，在防治中应注意多种药剂的交替使用，发病前注意与保护剂混用。

图 1-12 苹果果实膨大期炭疽病为害症状

第七节　苹果斑点落叶病

【为害与诊断】

苹果斑点落叶病主要为害苹果叶片，是新红星等元帅系苹果的重要病害。造成苹果早期落叶，引起树势衰弱，果品产量和质量降低，贮藏期还容易感染其他病菌，造成腐烂。

主要为害叶片，也可为害幼果。叶片染病初期出现褐色圆点，其后逐渐扩大为红褐色，边缘紫褐色，病部中央常具一深色小点或同心轮纹（图1-13、图1-14）。天气潮湿时，病部正反面均可长出墨绿色至黑色霉状物，即病菌的分生孢子梗和分生孢子。夏、秋季高温高湿，病菌繁殖量大，发病周期缩短，秋梢部位叶片病斑迅速增多，一片病叶上常有病斑10~20个，影响叶片正常生长，常造成叶片扭曲和皱缩，病部焦枯，易被风吹断，残缺不全。果实染病，在幼果果面上产生黑色发亮的小斑点或锈斑。病部有时呈灰褐色疮痂状斑块，病健交界处有龟裂，病斑不剥离，仅限于病果表皮，但有时皮下浅层果肉可呈干腐状木栓化。

图1-13　苹果斑点落叶病为害叶片初期症状

图 1-14 苹果斑点落叶病为害叶片后期症状

【绿色防控】

秋末冬初剪除病枝，清除落叶，集中烧毁，以减少初侵染源；夏季剪除徒长枝，减少后期侵染源，改善果园通透性，低洼地、水位高的果园要注意排水。合理施肥，增强树势，提高抗病力。苹果斑点落叶病以徒长枝中部皮孔为中心形成病斑，因此，6 月后要随时剪除徒长枝，以减少病菌传播途径。冬季将无用发育枝疏掉。

在发芽前全树喷 5 波美度石硫合剂，可减少树体上越冬的病菌。

在发病前（5 月中旬落花后）开始喷下列药剂保护：1∶2∶200 倍式波尔多液；30%碱式硫酸铜胶悬剂 300～500 倍液；80%福美双·福美锌可湿性粉剂 600 倍液；75%百菌清可湿性粉剂 400～600 倍液；78%波尔多液·代森锰锌可湿性粉剂 400～600 倍液，均匀喷施。

苹果生长前期，可根据当地气候条件确定喷药时间和喷药次数。如河北、河南从 5 月中旬落花后开始喷药，云南、四川等地一般在 4 月中旬开始喷药，间隔 10～15 天连喷 3～4 次。常用以下药剂：20%戊唑醇·多菌灵可湿性粉剂 1 000～1 000 倍液；25%代森锰锌·戊唑醇可湿性粉剂 500~750 倍液。

在防治中应注意多种药剂的交替使用，发病前注意与保护剂混合使用。喷药时一定要周到细致，使整株叶片的正反两面均匀着药，增加喷药液量，达到淋洗程度。

第八节　苹果黑星病

【为害与诊断】

主要为害叶片和果实。叶片发病，病斑先从叶正面发生，也可从叶背面先发生；初为淡黄绿色的圆形或放射状，后逐渐变褐，最后变为黑色，周围有明显的边缘，老叶上更为明显；幼嫩叶片上，病斑为淡黄绿色，边缘模糊，表面着生绒状霉层（图1-15、图1-16）。叶片患病较重时，叶片变小，变厚，呈卷曲或扭曲状。病叶常常数斑融合，病部干枯破裂。果实从幼果至成熟果均可受害，病斑初为淡黄绿色，圆形或椭圆形，逐渐变褐色或黑色，表面产生黑色绒状霉层。随着果实生长膨大，病斑逐渐凹陷，硬化，龟裂，病果较小，畸形。

图1-15　苹果黑星病为害叶片正面症状

图1-16 苹果黑星病为害叶片背面症状

【绿色防控】

清除初侵染源，秋末冬初彻底清除落叶、病果，集中烧毁或深埋。合理修剪，促使树冠通风透光，降低果园空气湿度。

发芽前，在地面喷洒0.5%二硝基邻甲酸钠或4∶4∶100倍式波尔多液，以杀死病叶内的子囊孢子。

于5月中旬花期后发病之前，开始喷洒下列药剂：1∶（2~3）∶160倍式波尔多液；53.8%氢氧化铜干悬浮剂1 000倍液；70%代森锰锌可湿性粉剂800倍液等，间隔10~15天防治1次。

在发病初期，可以用下列药剂：70%代森锰锌可湿性粉剂800倍液+50%苯菌灵可湿性粉剂800倍液；70%代森锰锌可湿性粉剂800倍液+70%甲基硫菌灵可湿性粉剂800倍液。

在发病较普遍时，可以用下列药剂：40%氟硅唑乳油8 000~10 000倍液；12.5%烯唑醇可湿性粉剂800~1 000倍液；70%甲基硫菌灵可湿性粉剂1 000倍液。

第九节　苹果锈果病

【为害与诊断】

　　主要表现于果实，其症状可分为3种类型。①锈果型(图1-17、图1-18)：发病初期在果实顶部产生深绿色水渍状病斑，逐渐沿果面纵向扩展，发展成为规整的木栓化铁锈色病斑。锈斑组织仅限于表皮。随着果实的生长而发生龟裂，果面粗糙，果实变成凹凸不平的畸形果。②花脸型：病果着色前无明显变化，着色后，果面散生许多近圆形的黄绿色斑块，致使红色品种成熟后果面呈红、黄、绿相间的花脸症状。③混合型：病果表面有锈斑和花脸复合症状。病果着色前，多在果实顶部产生明显的锈斑，或于果面散生锈色斑块；着色后，在未发生锈斑的果面或锈斑周围产生不着色的斑块呈花脸状。

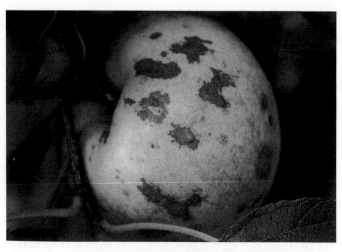

图1-17　苹果锈果病锈果型早期症状

图1-18　苹果锈果病锈果型后期症状

【绿色防控】

防治此病最根本的办法是栽培无毒苹果苗。严禁在疫区内繁殖苗木或外调繁殖材料。砍伐淘汰病树。果区发现病株，立即连根刨出烧毁。拔除病苗，刨掉病树。建立新果园时，要避免与梨树混栽。在病树较多，园地较偏僻地区进行高接换种。

药剂防治：把韧皮部割开"门"形，上涂50万单位四环素或150万单位土霉素、150万单位链霉素，然后用塑料膜绑好，可减轻病害的发生。

第十节　苹果锈病

【为害与诊断】

主要为害叶片，也能为害嫩枝、幼果和果柄。叶片初患病时正面出现油亮的橘红色小斑点，逐渐扩大，形成圆形橙黄色的病斑，边缘红色。发病严重时，一张叶片出现几十个病斑。

叶柄发病，病部橙黄色，稍隆起，多呈纺锤形，初期表面产生小点状性孢子器，后期病斑背部产生毛刷状的锈孢子腔（图 1-19、图 1-20）。新梢发病，刚开始与叶柄受害相似，后期病部凹陷、龟裂、易折断。冬孢子角深褐色，起伏呈鸡冠状；遇阴雨连绵则吸水膨大，呈胶质花瓣状。果实发病，多在萼洼附近出现橙黄色圆斑，后变褐色，病果生长停滞，病部坚硬，多呈畸形。

图 1-19　苹果锈病为害叶片中期症状

图 1-20　苹果锈病为害叶片后期症状

【绿色防控】

清除转主寄生，彻底砍除果园周围 5 千米以内的桧柏、龙柏等树木。若桧柏不能砍除时，则应在桧柏上喷药，铲除越冬病菌。早春剪除桧柏上的菌瘿并集中烧毁；新建苹果园，栽植不宜过密，对过密生长的枝条适时修剪，以利通风透光，增强树势；雨季及时排水，降低果园湿度；晚秋及时清理落叶，集中烧毁或深埋，以减少越冬菌源。

在苹果树发芽前往桧柏等转主寄主树上喷洒药剂，消灭越冬病菌。可用下列药剂：3~5 波美度石硫合剂；0.3%五氯酚钠100 倍液。

展叶后，在瘿瘤上出现的深褐色舌状物未胶化之前喷第 1 次药。在第 1 次喷药后，如遇降雨，则雨后要立即喷第 2 次药，隔 10 天后喷第 3 次药。可用下列药剂喷施：50%多菌灵可湿性粉剂 600~1 000倍液+80%代森锰锌可湿性粉剂 500~800 倍液；15%三唑酮可湿性粉剂 1 000~2 000 倍液；20%萎锈灵乳油1 500~3 000倍液；25%邻酰胺悬浮剂 1 800~3 000倍液；65%代森锌可湿性粉剂 500 倍液+50%甲基硫菌灵可湿性粉剂 600~800倍液；70%代森锰锌可湿性粉剂 800 倍液+25%丙环唑乳油 4 000倍液，在药剂中加入 3 000倍的皮胶，效果更好。

第十一节　苹果灰斑病

【为害与诊断】

主要为害叶片、果实、枝条、嫩梢。叶片染病，初呈红褐色圆形或近圆形病斑，边缘清晰，后期病斑变为灰色，中央散生小黑点，即病菌分生孢子器（图 1-21、图 1-22）。病斑常数个愈合，形成大型不规则形病斑。病叶一般不变黄脱落，但严重受害的叶片可出现焦枯现象。果实染病，形成灰褐色或黄褐色、圆形或不整形稍凹陷病斑，中央散生微细小粒点。

图 1-21　苹果灰斑病为害叶片初期症状

图 1-22　苹果灰斑病为害叶片后期叶背症状

【绿色防控】

　　发病严重地区，选用抗病品种。灰斑病发生多在秋季，所以应重点抓好后期防治。

　　发病前以保护剂为主，可以用下列药剂：1：2：200 倍式波

尔多液；200 倍锌铜石灰液（硫酸锌∶硫酸铜∶石灰∶水 =
0.5∶0.5∶2∶200）；30%碱式硫酸铜胶悬剂 300～500 倍液；
70%代森锰锌可湿性粉剂 500～600 倍液。

　　发病初期及时喷药防治，可以用下列药剂：70%甲基硫菌
灵悬浮剂 800 倍液+70%代森锰锌可湿性粉剂 500～600 倍液；
50%混杀硫悬浮剂 500～600 倍液；50% 异菌脲可湿性粉剂
1 000～1 500倍液；10%多氧霉素可湿性粉剂 1 000～1 500倍液+
70%代森锰锌可湿性粉剂 500～600 倍液；60%多菌灵盐酸盐超
微粉剂 600～800 倍液+70%代森锰锌可湿性粉剂 500～600 倍液。

第十二节　苹果疫腐病

【为害与诊断】

　　主要为害果实、树的根颈部及叶片。果实染病（图 1-23），
果面形成不规则、深浅不匀的褐斑，边缘不清晰，呈水渍状，
致果皮果肉分离，果肉褐变或腐烂，湿度大时病部生有白色绵
毛状菌丝体，病果初呈皮球状，有弹性，后失水干缩或脱落。
苗木或成树根颈部染病，皮层出现暗褐色腐烂，病斑多不规则，
严重的烂至木质部，致病部以上枝条发育变缓，叶色淡，叶小，
秋后叶片提前变红紫色，落叶早，当病斑绕树干一周时，全树
叶片凋萎或干枯（图 1-24）。叶片染病，初呈水渍状，后形成
灰色或暗褐色不规则形病斑，湿度大时，全叶腐烂。

【绿色防控】

　　药剂防治：对于枝干受害，可刮除病部后用药剂涂抹伤口
消毒。可用腐殖酸，或用果康宝 5～10 倍液、25%甲霜灵可湿性
粉剂 80～100 倍液、90%三乙膦酸铝可湿性粉剂 300 倍液、5～10
波美度石硫合剂。

　　在落花后，可浇灌或喷洒下列药剂：72%霜脲氰·代森锰

图 1-23　苹果疫腐病为害果实症状

图 1-24　苹果疫腐病为害根颈症状

锌可湿性粉剂 600 倍液；69%烯酰吗啉·代森锰锌可湿性粉剂
600 倍液；60%烯酰吗啉可湿性粉剂 700 倍液，间隔 7～10 天再
处理 1 次。

第二章　梨病害诊断与绿色防控

　　梨是我国主要果树之一，其栽培面积、产量均居世界第一位。据统计，我国梨树面积有 100 万公顷，产量 1 300 万吨，仅次于苹果、柑橘，居第三位。

第一节　梨褐腐病

【为害与诊断】

　　只为害果实。在果实近成熟期发生，初为暗褐色病斑，逐步扩大，几天可使全果腐烂，斑上生黄褐色绒状颗粒成轮状排列，表生大量分生孢子梗和分生孢子，病果果肉松软，呈海绵状略有弹性。树上多数病果落地腐烂，残留树上的病果变成黑褐色僵果（图 2-1、图 2-2）。

【绿色防控】

　　及时清除初侵染源，发现落果、病果、僵果等立即清出园外，集中烧毁或深埋；早春、晚秋实行果园翻耕。适时采收，减少伤口。严格挑选，去除病果、伤果，分级包装，避免碰伤。贮窖温度保持 1~2℃，相对湿度 90%。发病较重的果园，花前喷施 45%晶体石硫合剂 30 倍液药剂保护。

　　落花后，病害发生前期，可用下列药剂：50%噻菌灵可湿性粉剂 800 倍液；70%甲基硫菌灵可湿性粉剂 800 倍液；50%多菌灵可湿性粉剂 600~800 倍液；50%苯菌灵可湿性粉剂 1 000 倍液；77%氢氧化铜微粒可湿性粉剂 500 倍液等。

图 2-1　梨褐腐病为害果实初期症状

图 2-2　梨褐腐病为害果实中期症状

在 8 月下旬至 9 月上旬，果实成熟前喷药 2 次，药剂可选用：50%克菌丹可湿性粉剂 400~500 倍液；20%唑菌胺酯水分散粒剂 1 000~2 000倍液；24%腈苯唑悬浮剂 2 500~3 200倍液；10%氰霜唑悬浮剂 2 000~2 500倍液；2%宁南霉素水剂 400~800 倍液；35%多菌灵磺酸盐悬浮剂 600~800 倍液。

果实贮藏前，用 50%甲基硫菌灵可湿性粉剂 700 倍液浸果 10 分钟，晾干后贮藏。

第二节 梨树腐烂病

【为害与诊断】

为害枝干引起枝枯和溃疡两种症状（图 2-3、图 2-4）。枝枯型：多发生在衰弱的梨树小枝上，病斑形状不规则，边缘不明显，扩展迅速，很快包围整个枝干，使枝干枯死，并密生黑色小粒点。病树的树势逐年减弱，生长不良，如不及时防治，可造成全树枯死。溃疡型：树皮上的初期病斑椭圆形或不规则形，稍隆起，皮层组织变松，呈水渍状湿腐，红褐色至暗褐色。以手压之，病部稍下陷并溢出红褐色汁液，此时组织解体，易撕裂，并有酒糟味。当空气潮湿时，从中涌出淡黄色卷须状物。果实受害，初期病斑圆形，褐色至红褐色软腐，后期中部散生黑色小粒点，并使全果腐烂。

【绿色防控】

新建果园应予重视，因地制宜的发展新品种。增施有机肥料，适期追肥；防止冻害；适量疏花疏果；合理间作，提高树势。合理负担，结合冬剪，将枯梢、病果台、干桩、病剪口等病组织剪除，减少侵染源。

早春、夏季注意查找病部，认真刮除病组织，涂抹杀菌剂。刮树皮：在梨树发芽前刮去翘起的树皮及坏死的组织，刮皮后

图 2-3　梨树腐烂病萌芽前为害症状

图 2-4　梨树腐烂病枝枯型症状

结合涂药或喷药。可喷布 5%菌毒清水剂 50~100 倍液、50%福美双可湿性粉剂 50 倍液、95%银果原药（邻烯丙基苯酚）50 倍液、70%甲基硫菌灵可湿性粉剂 1 份加植物油 2.5 份、50%多菌灵可湿性粉剂 1 份加植物油 1.5 份混合等，以防止病疤复发。

第三节 梨炭疽病

【为害与诊断】

主要为害果实，也能侵害枝条。果实多在生长中后期发病。发病初期，果面出现淡褐色水渍状的小圆斑，以后病斑逐渐扩大，色泽加深，并且软腐下陷。病斑表面颜色深浅交错，具明显的同心轮纹。在病斑处表皮下，形成无数小粒点，略隆起，初褐色，后变黑色。有时它们排成同心轮纹状。在温暖潮湿情况下，它们突破表皮，涌出一层粉红色的黏质物。果肉腐烂的形状常呈圆锥形。发病严重时，果实大部分或整个腐烂，引起落果或者在枝条上干缩成僵果（图2-5、图2-6）。

图2-5 梨炭疽病为害果实初期症状

【绿色防控】

冬季结合修剪，把病菌的越冬场所，如干枯枝、病虫为害

图 2-6　梨炭疽病为害果实后期症状

破伤枝及僵果等剪除，并烧毁。多施有机肥，改良土壤，增强树势，雨季及时排水，合理修剪，及时中耕除草。

在梨树发芽前喷二氯萘醌 50 倍液，或用 5%~10% 重柴油乳剂，或用 50% 五氯酚钠 150 倍液。

发病前注意施用保护剂，可以用下列药剂：80% 代森锰锌可湿性粉剂 700 倍液；80% 敌菌丹可溶性粉剂 1 000~1 200 倍液；86.2% 氧化亚铜干悬浮剂 800 倍液。

北方发病严重的地区，从 5 月下旬或 6 月初开始，每 15 天左右喷 1 次药，直到采收前 20 天止，连续喷 4~5 次。雨水多的年份，喷药间隔期缩短些，并适当增加次数。可用下列药剂：50% 异菌脲可湿性粉剂 2 000 倍液；10% 多氧霉素可湿性粉剂 2 000 倍液；80% 代森锰锌可湿性粉剂 700 倍液 +10% 苯醚甲环唑水分散粒剂 6 000 倍液。

做好贮藏管理，延缓果实的衰老进程，使之保持较强的抗病能力，同时抑制病菌活动，以防止病害的发生；采收后在 0~5℃ 低温藏可抑制病害发生。

第四节　梨黑星病

【为害与诊断】

　　能够侵染所有的绿色幼嫩组织，其中，以叶片和果实受害最为常见。刚展开的幼叶最易感病，先在叶背面的主脉和支脉之间出现黑绿色至黑色霉状物，不久在霉状物对应的正面出现淡黄色病斑，严重时叶片枯黄、早期脱落（图2-7、图2-8）。

图2-7　梨黑星病为害叶片初期症状

　　叶脉和叶柄上的病斑多为长条形中部凹陷的黑色霉斑，严重时叶柄变黑，叶片枯死或叶脉断裂。叶柄受害引起早期落叶。幼果发病，果柄或果面形成黑色或墨绿色的圆斑，导致果实畸形、开裂，甚至脱落。成果期受害，形成圆形凹陷斑，病斑表面木栓化、开裂，呈"荞麦皮"，病斑淡黄绿色，稍凹陷，上生稀疏的霉层。枝干受害，病梢初生梭形病斑，布满黑霉。后期皮层开裂呈疮痂状。病斑向上扩展可使叶柄变黑。病梢叶片初变红，再变黄，最后干枯，不易脱落。

图2-8　梨黑星病为害叶片中期叶背症状

【绿色防控】

清除落叶，及早摘除发病花序以及病芽、病梢等，防治幼树上的黑星病，加强肥水管理，适当疏花、疏果，控制结果量，保持树势旺盛，合理修剪，使树内膛通风透光。增施有机肥料，排除田间积水，可增强树势，提高抗病力。

梨树萌芽前喷施1~3波美度石硫合剂或用硫酸铜10倍液进行淋洗式喷洒，或在梨芽膨大期用0.1%~0.2%代森铵溶液喷洒枝条。

梨芽萌动时喷洒保护剂预防病害发生，可用下列药剂：50%多·福（多菌灵·福美双）可湿性粉剂400~600倍液；80%代森锰锌可湿性粉剂700倍液；75%百菌清可湿性粉剂800倍液；50%多菌灵可湿性粉剂600倍液；50%甲基硫菌灵·代森锰锌可湿性粉剂600~900倍液；61%三乙膦酸铝·代森锰锌可湿性粉剂 300~500 倍液；30%碱式硫酸酮悬浮剂 350~500 倍液；70%甲基硫菌灵·福美双可湿性粉剂 700~1 000倍液；70%甲基硫菌灵可湿性粉剂 1 000~1 500倍液；70%代森联水分散粒剂 500~700 倍液；50%多菌灵·代森锰锌可湿性粉剂 400~500 倍液；50%克菌丹可湿性粉剂 400~500 倍液。

第五节 梨黑斑病

【为害与诊断】

主要为害果实、叶片及新梢。病叶上开始时产生针头大、圆形、黑色的斑点，后斑点逐渐扩大成近圆形或不规则形，中心灰白色，边缘黑褐色，有时微现轮纹（图 2-9、图 2-10）。

图 2-9 梨黑斑病为害叶片初期症状

潮湿时，病斑表面遍生黑霉。果实染病，初在幼果面上产生一个至数个黑色圆形针头大斑点，逐渐扩大成近圆形或椭圆形。病斑略凹陷，表面遍生黑霉。果实长大时，果面发生龟裂，裂隙可深达果心，在裂缝内也会产生很多黑霉，病果往往早落。新梢病斑黑色，椭圆形，稍凹陷，后期变为淡褐色溃疡斑，与健部分界处产生裂纹。

图 2-10 梨黑斑病为害叶片中期症状

【绿色防控】

在果树萌芽前应做好清园工作。剪除有病枝梢，清除果园内的落叶、落果，全部予以销毁。在果园内间作绿肥，或增施有机肥料，促使生长健壮，增强植株抵抗力，以减轻发病。套袋可以减轻发病。

可于梨树发芽前喷药保护，3 月上中旬，喷 1 次 0.3%～0.5%五氯酚钠+5 波美度石硫合剂、65%五氯酚钠 100～200 倍液，以消灭枝干上越冬的病菌。

在果树生长期，一般在落花后至幼果期，即在 4 月下旬至 7月上旬喷药保护，可以用下列药剂：65%代森锌可湿性粉剂500～600 倍液；75%百菌清可湿性粉剂 800 倍液；80%敌菌丹可溶性粉剂 1 000～1 200倍液；86.2%氧化亚铜干悬浮剂 800 倍液；80%代森锰锌可湿性粉剂 700 倍液，间隔 10 天左右，共喷药 2～3 次。

如果套袋，套袋前必须喷 1 次，开花前和开花后各喷 1 次。可用药剂有 50%异菌脲可湿性粉剂 800～1 500 倍液。

第六节 梨轮纹病

【为害与诊断】

主要为害枝干和果实，有时也可为害叶片。枝干受害，以皮孔为中心先形成暗褐色瘤状凸起，病斑扩展后成为近圆形或扁圆形暗褐色坏死斑。翌年病斑上产生许多黑色小粒点，病部与健部交界处产生裂缝。连年扩展，形成不规则的轮纹状（图2-11、图2-12）。

图2-11 梨轮纹病为害枝干中期症状

果实病斑以皮孔为中心，初为水渍状浅褐色至红褐色圆形烂斑，在病斑扩大过程中逐渐形成浅褐色与红褐色至深褐色相间的同心轮纹。叶片病斑初期近圆形或不规则形，褐色，略显同心轮纹。气温较高时使整个果实软化腐烂，流出茶褐色汁液，并散发出酸臭的气味，最后烂果可干缩，变成黑色僵果。叶片上病斑近圆形，有明显同心轮纹，褐色。后期色泽较浅，有黑色小粒点。

图 2-12　梨轮纹病为害枝干后期症状

　　6 月下旬最易感病，8 月多雨时，采收前仍可受到明显侵染。当气温在 20℃以上，相对湿度在 75% 以上或降水量达 10 毫米时，或连续下雨 3~4 天，病害传播快。肥料不足，树势弱，虫害重，均发病重。

【绿色防控】

　　合理修剪，修剪落地的枝干要及时彻底清理；不要使用树木枝干作果园围墙篱笆；不要使用带皮木棍做支棍和顶柱；注意清理果园周围其他树木上的枯死枝。合理疏花、疏果。增施有机肥，氮、磷、钾肥料要合理配施，避免偏施氮肥，使树体生长健壮。冬季做好清园工作，减少和消除侵染源，果实套袋。

　　刮治枝干病斑：当苗木枝干上有少数病斑发生时，可用氯化锌、酒精、甘油合剂涂抹病部，杀死病组织中潜存的病菌。在苗木上涂用上述合剂时，不须刮皮，可用毛刷将药液涂布于病斑表面。涂药面应较病斑略大。第一次涂药后，每隔 7~10 天再涂 1~2 次，效果更好。

发芽前将枝干上轮纹病斑的变色组织彻底刮干净，然后喷布或涂抹铲除剂。病斑刮净后，涂抹下列药剂均有明显的治疗效果：0.3%～0.5%的五氯酚钠和3～5波美度石硫合剂混合液，5%菌毒清水剂100倍液，可杀死部分越冬病菌。

果树生长期，喷药时间从落花后10天左右（5月上中旬）开始，到果实膨大为止（8月上中旬）。一般年份可喷药4～5次、即5月上中旬、6月上中旬（麦收前）、6月中下旬（麦收后）、7月上中旬、8月上中旬。如果早期无雨，第1次可不喷，如果雨季结束较早，果园轮纹病不重，最后1次亦可不喷。雨季延迟，则采收前还要多喷1次药。可用下列药剂：65%代森锌可湿性粉剂500～600倍液+70%甲基硫菌灵可湿性粉剂800倍液；4%嘧啶核苷类抗生素水剂600～800倍液。

第七节　梨锈病

【为害与诊断】

主要为害幼叶、叶柄、幼果及新梢。起初在叶正面发生橙黄色、有光泽的小斑点，后逐渐扩大为近圆形的病斑，中部橙黄色，边缘淡黄色，最外面有一层黄绿色的晕圈。天气潮湿时，其上溢出淡黄色黏液。病斑组织逐渐变肥厚，叶片背面隆起，正面微凹陷，在隆起部位长出灰黄色的毛状物。锈子器成熟后，先端破裂，散出黄褐色粉末。病斑以后逐渐变黑，病叶易脱落。幼果初期病斑大体与叶片上的相似。病果生长停滞，往往畸形早落。转往寄主桧柏发病，起初在针叶、叶腋或小枝上出现淡黄色斑点，后稍隆起。在被害后的翌年3月间，渐次突破表皮露出红褐色或咖啡色的圆锥形角状物，为冬孢子角，在小枝上发生冬孢子角的部位，膨肿较显著。春雨后，冬孢子角吸水膨胀，成为橙黄色舌状胶质块，干燥时缩成表面有皱纹的污胶物（图2-13、图2-14）。

图 2-13　梨锈病为害新梢症状

图 2-14　梨锈病为害幼果症状

【绿色防控】

　　防治策略是控制初侵染来源，新建梨园应远离桧柏、龙柏等柏科植物，防止担孢子侵染梨树，是防治梨锈病的根本途径。

　　梨树萌芽前在桧柏等转主寄主上喷药 1~2 次，以抑制冬孢子萌发产生担孢子。防效较好的药剂有 2~3 波美度石硫合剂、0.3%五氯酚钠与石硫合剂的混合液或 1 :（1~2）:（100~

160）倍式波尔多液等。

病害发生初期，可喷施下列药剂：50％克菌丹可湿性粉剂400~500倍液；50％灭菌丹可湿性粉剂200~400倍液。

生长期喷药保护梨树，一般年份可在梨树发芽期喷第1次药，隔10~15天再喷1次即可；春季多雨的年份，应在花前喷1次，花后喷1~2次，每次间隔10~15天。可用药剂有：20％三唑酮乳油800~1 000倍液+75％百菌清可湿性粉剂600倍液；12.5％烯唑醇可湿性粉剂1 500~2 000倍液；65％代森锌可湿性粉剂500~600倍液+40％氟硅唑乳油8 000倍液；20％萎锈灵乳油600~800倍液+65％代森锌可湿性粉剂500倍液。

第八节　梨树干枯病

【为害与诊断】

苗木受害时，在茎基部表面产生椭圆形、梭形或不规则形状的红褐色水渍状病斑；以后病斑逐渐凹陷，病斑交界处产生裂缝，并在病斑表面密生黑色小粒点。若病斑环茎一周，则可致幼树死亡。大树的主枝和分枝受害初期为近圆形、深色水渍状斑点，发病部位浅，随病情发展，病斑扩大成近椭圆形褐色斑，皮层也进一步腐烂并凹陷，病健交界处裂开，潮湿时溢出黄褐色丝状孢子角（图2-15）。重病枝干皮层折裂翘起，露出木质部，整枝枯死。叶片明显比正常叶小，有萎蔫趋势。有时仅发芽较晚，严重时叶边缘焦枯，抽枝后发病的，表现叶色转黄，提早落叶。

【绿色防控】

病重地区选用抗病品种。冬季扫除落叶，集中烧毁或深埋土中。在梨树丰产后，应增施肥料，合理修剪，促使树势生长健壮，提高抗病力。雨季注意排水，降低果园湿度，限制病害

图 2-15　梨褐斑病为害果实症状

发展蔓延。

早春梨树发芽前，结合防治梨锈病，喷施 0.6% 倍式波尔多液，或喷 1 次 3 波美度石硫合剂与 0.3%～0.5% 五氯酚钠混合液。

落花后，4 月中下旬病害初发时（图 2-16），喷第 1 次药；

图 2-16　梨褐斑病为害叶片初期症状

5月上中旬再喷1次药。可以下用药剂：80%代森锰锌可湿性粉剂800~1 000倍液；75%百菌清可湿性粉剂600~800倍液。

第九节　梨干腐病

【为害与诊断】

枝干出现黑褐色、长条形病斑，质地较硬，微湿润，多烂到木质部。病斑扩展到枝干半圈以上时，常造成病部以上叶片萎蔫，枝条枯死。后期病部失水，凹陷，周围龟裂，表面密生黑色小粒点。病菌也侵害果实，造成果实腐烂（图2-17、图2-18）。

图2-17　梨干腐病为害枝干症状

【绿色防控】

培育壮苗，提高苗木抗病能力。苗木假植后充分浇水，定植不可过深，苗木和幼枝合理施肥，控制枝条徒长。干旱时应及时灌水。

在萌芽前期，可喷施1∶1∶160倍式波尔多液。

图 2-18　梨干腐病为害枝条叶片萎蔫状

发病初期可刮除病斑，并喷施 45%晶体石硫合剂 300 倍液、75%百菌清可湿性粉剂 700 倍液、50%苯菌灵可湿性粉剂 1 500 倍液、36%甲基硫菌灵悬浮剂 600 倍液等。

生长期间喷洒 1：2：200 倍式波尔多液、45%晶体石硫合剂 300 倍液、50%苯菌灵可湿性粉剂 1 400 倍液、64%恶霜灵·代森锰锌可湿性粉剂 500 倍液，保护枝干和果实。

第十节　梨轮斑病

【为害与诊断】

主要为害叶片、果实和枝条。叶片受害，开始出现针尖大小黑点，后扩展为暗褐色、圆形或近圆形病斑，具明显的轮纹。在潮湿条件下，病斑背面产生黑色霉层。新梢染病，病斑黑褐色，长椭圆形，稍凹陷。果实染病形成圆形黑色凹陷斑（图 2-19、图 2-20）。

图 2-19　梨轮斑病为害叶片初期叶背症状

图 2-20　梨轮斑病为害叶片中期症状

【绿色防控】

清除落叶，彻底防治幼树上的黑星病，加强水肥管理，适当疏花、疏果，控制结果量，保持树势旺盛，合理修剪，使树膛内通风透光。

芽萌动时喷洒药剂预防，如 80%代森锰锌可湿性粉剂 700 倍液、75%百菌清可湿性粉剂 800 倍液、50%多菌灵可湿性粉剂 800 倍液等。

花前、落花后幼果期，雨季前，梨果成熟前 30 天左右是防治该病的关键时期。各喷施 1 次药剂。可用药剂有：80%代森锰锌可湿性粉剂 700 倍液+50%醚菌酯水分散粒剂 2 000~3 000 倍液。

第十一节　梨灰斑病

【为害与诊断】

主要为害叶片，叶片受害后先在正面出现褐色小点（图 2-21），逐渐扩大成近圆形灰白色病斑，病斑逐渐扩展到叶背面。后期叶片正面病斑上生出黑褐色小粒点，病斑表面易剥离（图 2-22）。

图 2-21　梨灰斑病为害　　　　图 2-22　梨灰斑病为害叶片
　　叶片初期症状　　　　　　　　后期叶背症状

【绿色防控】

冬季清洁果园，及时清除病残叶，深埋或销毁减少越冬菌源。

发病前或雨季之前喷药预防，可喷施下列药剂：倍量式波尔多液 200 ~ 400 倍液；50%多菌灵可湿性粉剂 700 ~ 800 倍液；70%甲基硫菌灵可湿性粉剂 800 倍液；2%嘧啶核苷类抗生素水剂 200~300 倍液，间隔 10~15 天，一般年份喷施 2~3 次，多雨年份喷施 3~4 次。

第三章　桃病害诊断与绿色防控

第一节　桃红粉病

【为害与诊断】

　　桃红粉病主要为害近成熟期后的果实，造成果实腐烂，病斑多从果实尖部或腹缝线处开始发生（图3-1）。初期，果面上产生淡褐色水渍状小斑点，圆形或近圆形，后很快扩展为淡褐色至褐色腐烂病斑，圆形或近圆形，凹陷。随病斑扩展，表面逐渐产生淡粉红色霉层（图3-2）。腐烂病斑扩展迅速，很快造成病果大部分腐烂，且病组织显著皱缩凹陷。有时，淡粉红色霉层因腐烂果肉皱缩，而成不明显轮纹状。

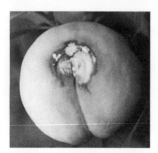

图3-1　多从果实尖部
开始发病

图3-2　病斑表面产生
淡粉红色霉层

【绿色防控】

　　增施农家肥等有机肥，适量根施钙肥及叶面补钙，增加果实含钙量，提高果实抗逆能力。合理修剪，促使果园通风透光，降低环境湿度。干旱季节及时浇水，雨季注意及时排水，尽量使土壤水分供应平衡，减少裂果。适期采收，防止果实过度成熟衰老。加强果实近成熟期的各种病虫害防治，避免造成病虫伤口。采收及包装时轻摘、轻拿、轻放，防止果实受伤。

　　红粉病属零星发生病害，不需单独药剂防治，个别往年受害较重果园，在果实近成熟期后考虑兼防即可。

第二节　桃红腐病

【为害与诊断】

　　桃红腐病只为害近成熟期后的果实，造成果实腐烂。初期，病斑淡褐色至褐色，圆形或近圆形，稍凹陷；随病情发展，逐渐形成明显凹陷的腐烂病斑，且表面逐渐产生淡粉红色黏液或霉层，有时黏液层略呈轮纹状。红腐病斑一般较小，只造成果实局部腐烂（图3-3、图3-4）。

图3-3　病斑表面产生淡粉红色
黏液（深州蜜桃）

图3-4　套袋果病斑表面产生
淡粉红色霉状物

【绿色防控】

桃红腐病属零星发生病害，不需单独进行防治，加强果园管理、降低果园湿度及防止果实受伤的一切措施均可预防该病发生。

<h2 style="text-align:center">第三节　桃软腐病</h2>

【为害与诊断】

桃软腐病只为害近成熟期后的果实，特别是采收前后果实受害较重。初期，病果表面产生淡褐色至黄褐色腐烂病斑，圆形或近圆形（图3-5）。随病斑不断扩大，腐烂组织表面从中央向外围逐渐产生初为白色，渐变为灰褐色或黑褐色、中间密布灰褐色或黑色小粒点的疏松霉层（毛状物）。病斑扩展迅速，很快导致全果呈淡褐色软腐；后期，病果表面布满灰褐色或黑褐色毛状物（病菌的菌丝、孢囊梗及孢子囊）（图3-6）。严重时，相邻的几个果实全部受害，贮运期常造成烂箱或烂筐。

图3-5　软腐病初期病斑

图3-6　根霉菌导致的
软腐病烂果

【绿色防控】

（1）防止果实受伤。这是控制软腐病发生的最根本措施。生长后期加强为害果实的病虫害防治；干旱时注意灌水，雨季及时排水，防止果实生长裂伤；采收时轻拿轻放，避免果实受伤。

（2）合理采收，科学包装，低温贮运。合理安排采收期，防止果实成熟度偏高，以保持果实较高抗病性。尽量采用单果隔离包装或加网套包装，避免果实磕碰及接触传病。建议选择低温贮运（一般5~6℃），以防病害发生。

第四节　桃曲霉病

【为害与诊断】

桃曲霉病仅为害近成熟期后的果实，导致果实腐烂。病斑多以伤口为中心开始发生，初期病斑呈淡褐色近圆形，稍凹陷；后病斑逐渐扩大，形成淡褐色腐烂病斑，圆形或近圆形，显著凹陷（图3-7）。随病斑逐渐扩大，从病斑中央向外逐渐产生初灰白色、渐变黑褐色的霉层（图3-8），该霉层受风吹形成"霉烟"。曲霉病病斑扩展迅速，很快导致果实大部甚至全部软腐，最后形成黑褐色"霉球"。

【绿色防控】

桃曲霉病属零星发生病害，不需单独进行防治，防止果实受伤、适期采收是控制该病发生的最根本途径。具体措施详见"桃软腐病"。

图 3-7   病果呈淡褐色软烂

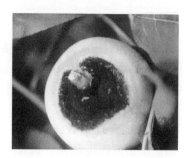

图 3-8   腐烂病斑表面产生
褐色霉状物

第五节　桃瘿螨畸果病

【为害与诊断】

桃瘿螨畸果病主要为害果实，落花后幼果即开始受害，且以幼果期受害最重，严重时芽也受害。初期在幼果表面产生暗绿色病斑或斑驳，稍凹陷，多不规则形（图 3-9）；随果实膨大，病部桃毛逐渐变褐、倒伏、脱落，形成深绿色凹陷斑；后期，病果凹凸不平，着色不均，形成"猴头"状果（图 3-10）。膨大期果实受害，病果凹凸不平，果面常产生纵横裂缝。严重病果，果肉木质化，不能食用。严重病树，部分叶芽坏死，开花后期常呈现有花无叶的"干枝梅"状。

【绿色防控】

（1）发芽前药剂清园。这是有效防治该病的关键措施之一。发芽前全园喷施 1 次 3~5 波美度的石硫合剂或 45% 石硫合剂晶体 50~70 倍液，铲除越冬成螨。以淋洗式喷雾效果最好。

（2）生长期喷药防治。关键是首次喷药时间。一般果园落花后立即开始喷药效果较好，10 天左右 1 次，连喷 2~3 次。效

图 3-9 幼果早期受害，
形成凹陷病斑

图 3-10 病果桃毛变褐倒伏

果较好的药剂有：1.8%阿维菌素乳油 2 500～3 000倍液、1%甲氨基阿维菌素苯甲酸盐乳油 2 000～3 000倍液、20%甲氰菊酯乳油 1 500～2 000倍液、15%哒螨灵乳油 1 500～2 000倍液、50%硫磺悬浮剂 400～600 倍液、45%石硫合剂晶体 200～300 倍液等。喷药时必须均匀周到，淋洗式喷雾效果最好。

第六节 桃叶枯病

【为害与诊断】

桃叶枯病主要为害叶片，多发生在桃树生长中后期的老叶上。病斑多从叶缘开始发生，初为淡褐色半圆形病斑（图 3-11），逐渐向叶内扩展形成较大的少半圆形，并有颜色深浅交替的弧形纹，病斑成干枯状，有时向叶内扩展到中脉附近。后期，病斑表面产生黑褐色至黑色霉状物。严重时，两侧叶缘布满病斑，导致叶缘干枯、叶片扭曲，甚至早期脱落（图 3-12）。

【绿色防控】

（1）加强果园管理。增施有机肥等农家肥，科学施用氮、磷、钾肥及中微量元素肥料，培育壮树，提高树体抗病能力。

图 3-11 桃叶枯病前期病斑

图 3-12 桃叶枯病后期病斑

根据施肥标准，科学确定结果量，避免树体超载结果，并及时叶面喷肥，根外补充营养，特别是晚熟品种的果实采收前后。合理修剪，雨季注意及时排水，降低环境湿度。

（2）适当喷药防治。叶枯病是桃树生长中后期病害，且多发生在管理粗放的晚熟品种园，因此，仅该类桃园注意防治即可。多从病害发生初期或叶片变黄绿色（脱肥表现）时开始喷药，10~15 天 1 次，连喷 1~2 次，与叶面肥类混喷效果更好。防病效果较好的药剂有：30%龙灯福连（戊唑·多菌灵）悬浮剂 800~1 000 倍液。

第七节 桃缩叶病

【为害与诊断】

缩叶病主要为害桃树叶片，严重时也可侵害嫩梢、花及幼果。叶片受害，春梢刚抽出时即可发病，叶缘向后卷曲，颜色变红，并呈现波纹状（图 3-13）。叶片展开后发病，病叶增厚，叶肉弯曲状向叶面膨胀增生，叶背形成凹腔（图 3-14）；而后叶片更加皱缩，显著增厚、变脆，叶面凸起部分变红色至紫红色。春末夏初，病叶皱缩组织表面逐渐产生一层灰白色霜状物。后期，病叶变褐，焦枯脱落。严重时，新梢叶片大部或全部变形、皱缩，甚至枝梢枯死。

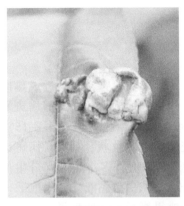

图 3-13　稍后隆起病组织开始变色　　图 3-14　病斑背面向正面凹陷

　　枝梢受害后呈灰绿色或黄绿色，节间短缩，略粗胀，叶片丛生，严重时整枝枯死。花受害，花瓣肥大变长，易脱落。幼果受害，多畸形，果面常龟裂，成麻脸状，有疮疤，易脱落。

【绿色防控】

　　（1）加强果园管理。增施肥水，控制产量，促进树势健壮，提高树体抗病能力。初见病叶时，及时人工剪除，集中深埋或销毁，减少园内病菌数量。

　　（2）适当喷药防治。往年缩叶病较重的桃园，桃芽露红但尚未展开时是喷药防治的最关键时期，一般桃园喷药 1 次即可控制该病的发生为害，但喷药必须均匀周到，使全树的枝干表面及芽鳞都要黏附到药液。往年特别严重果园，需落花后和落叶后各再喷药 1 次。效果较好的药剂有：70%甲基托布津可湿性粉剂或 500 克/升悬浮剂 600~800 倍液、80%太盛或必得利（全络合态代森锰锌）可湿性粉剂 600~800 倍液。

第八节　桃轮纹病

【为害与诊断】

桃轮纹病主要为害果实与枝干。果实受害，多从近成熟期开始发病。初期，果实表面产生淡褐色近圆形病斑；随病斑发展，逐渐形成淡褐色至褐色圆形或近圆形腐烂病斑（图3-15），多不凹陷，有时病斑颜色深浅交错呈近轮纹状；后期，病斑逐渐失水凹缩，从病斑中央处开始逐渐散生许多小黑点（分生孢子器）；最后，小黑点上开始溢出大量灰白色黏液（分生孢子）。腐烂病斑扩展迅速，常造成整个桃果腐烂；后期病果皱缩，表面散生大量小黑点，并产生大量灰白色黏液，使整个病果表面成灰白色(图3-16)。

图3-15　果实呈淡褐色腐烂

图3-16　病斑表面由内向外逐渐散生许多小黑点

枝干受害，初期产生瘤状凸起，后逐渐形成褐色至深褐色坏死斑，圆形或近圆形，稍凹陷。有时病斑上可发生流胶。秋季，病斑边缘逐渐出现裂缝，表面开始产生小黑点。

【绿色防控】

（1）加强果园管理。新建果园时不要与苹果或梨树混栽，已经混栽的果园注意加强苹果及梨树的轮纹病防治。增施农家肥等有机肥,按比例科学施用氮、磷、钾肥,适量增施钙肥,培强树势,提高树体抗病能力。合理修剪,促使果园通风透光,降低环境湿度。尽量果实套袋,阻止病菌侵害果实。

(2)处理越冬菌源。发芽前彻底清除树上、树下的病僵果,集中深埋或带到园外销毁。结合冬剪,剪除枯死病枝,集中带到园外烧毁。发芽前,全园喷施1次铲除性药剂,杀灭残余病菌。效果较好的铲除性药剂有:77%多宁(硫酸铜钙)可湿性粉剂300~400倍液、30%龙灯福连(戊唑·多菌灵)悬浮剂400~600倍液、60%统佳(铜钙·多菌灵)可湿性粉剂300~400倍液、45%代森铵水剂200~300倍液及1:1:100倍波尔多液等。

(3)生长期喷药防治。从果实第二膨大期开始喷药,10~15天1次,连喷3~5次,具体喷药间隔期及喷药次数根据降雨情况及往年病害发生轻重决定。如果果实套袋,则果实套袋前需均匀周到喷洒1次安全优质有效药剂。效果较好的药剂有:30%龙灯福连(戊唑·多菌灵)悬浮剂800~1 000倍液、70%甲基托布津可湿性粉剂或500克/升悬浮剂800~1 000倍液、10%苯醚甲环唑水分散粒剂1 500~2 000倍液。

第九节　桃实腐病

【为害与诊断】

桃实腐病又称腐败病,主要为害近成熟期后的果实,在桃、杏、李上均可发生。初期病斑多从果实尖部或腹缝线处开始发生,先形成淡褐色水渍状圆形病斑;随病情发展,病斑呈淡褐色至褐色腐烂(图3-17、图3-18),腐烂组织直达果心,且病斑明显凹陷;后期病斑逐渐失水干缩,表面散生初为污白色、后变黑色的小粒点(分生孢子器)。潮湿时,小粒点上可产生灰白色黏液(分生孢子团)。

图 3-17　实腐病造成桃果
呈淡褐色腐烂

图 3-18　有些品种上病斑
颜色较深

【绿色防控】

（1）加强果园管理。增施农家肥等有机肥，按比例科学施用氮、磷、钾肥及中微量元素肥料，适当控制树体结果量，增强树势。合理修剪，促使果园通风透光，降低园内湿度。发芽前彻底清除树上、树下的病僵果，集中深埋或烧毁，减少越冬菌源。

（2）生长期适当喷药防治。实腐病一般不需单独药剂防治，个别往年发病较重的果园或地区，可从果实采收前 1 到 1 个半月开始喷药，10~15 天 1 次，连喷 2 次即可有效控制该病的发生为害。常用有效药剂有：70%甲基托布津可湿性粉剂或 500克/升悬浮剂 800~1 000 倍液、50%多菌灵可湿性粉剂 600~800倍液、30%龙灯福连（戊唑·多菌灵）悬浮剂 800~1 000倍液、25%戊唑醇水乳剂 2 000~2 500 倍液、10%苯醚甲环唑水分散粒剂 1 500~2 000 倍液、50%异菌脲可湿性粉剂 1 000~1 500 倍液、50%美派安（克菌丹）可湿性粉剂 600~800 倍液、70%丙森锌可湿性粉剂 600~800 倍液等。

第十节　桃溃疡病

【为害与诊断】

桃溃疡病主要为害果实，也可侵害叶片和新梢。果实受害，多发生在果实生长中后期，初期在果面上形成圆形或近圆形稍凹陷病斑，中部灰白色，外围浅褐色至红褐色；后病斑迅速扩大，凹陷明显加深，形成近圆形淡褐色凹陷腐烂病斑。潮湿条件下，病斑表面产生灰白色霉层，即为病菌的分生孢子梗及分生孢子。后期病斑失水，腐烂果肉质地绵软，成污白色，似朽木状（图3-19、图3-20）。

叶片受害，形成近圆形灰褐色病斑，外围常有褐色晕圈。新梢受害，病斑暗褐色，长椭圆形，后发展为溃疡状。

图3-19　桃溃疡病初期病斑

图3-20　桃溃疡病后期病斑

【绿色防控】

（1）加强果园管理。科学修剪，疏除过密枝、下裙枝，改善树体通风透光条件，降低园内湿度。低洼果园雨季注意及时排水。发芽前彻底清除地面僵果、落叶，集中深埋或烧毁，消灭病菌越冬场所。尽量果实套袋，阻止病菌侵害果实。

（2）发芽前喷药。发芽前，清除地面病残体后，全园喷施

1次铲除性药剂，杀灭树上残余越冬病菌。效果较好的药剂有：77%多宁（硫酸铜钙）可湿性粉剂300~400倍液、30%龙灯福连（戊唑·多菌灵）悬浮剂400~600倍液、60%统佳（铜钙·多菌灵）可湿性粉剂300~400倍液、45%代森铵水剂200~300倍液等。

（3）生长期适当喷药。溃疡病多为零星发生，一般果园生长期不需单独喷药防治。往年病害发生较重果园，从桃果实硬核期开始喷药，10~15天1次，连喷2次左右即可有效控制该病的发生为害，并注意喷洒树冠内膛及中下部。效果较好的药剂有：30%龙灯福连悬浮剂800~1 000倍液、70%甲基托布津可湿性粉剂或500克/升悬浮剂800~1 000倍液。

第四章　樱桃病害诊断与绿色防控

第一节　樱桃褐腐病

【为害与诊断】

樱桃褐腐病主要为害花和果实，引起花腐和果腐，还可侵染嫩叶和新梢，保护地樱桃发生更为严重。

（1）花部受害。首先侵染雄蕊、花瓣尖端，出现褐色水渍状斑点，逐渐蔓延至全花，随即花变褐枯萎，天气潮湿时病花迅速腐烂，表面丛生灰色霉层，天气干燥时萎垂干枯，残留枝上。

（2）展叶期的叶片易受此病侵染，自叶缘开始变褐。起初产生不太明显的棕色病斑，后变为棕褐色，产生灰白色粉状物。侵染整个叶片后，似霜害残留枝上。

（3）侵染花、叶片的致病菌进而可蔓延至果梗、新梢上，呈现溃疡斑。病斑呈灰褐色，边缘为紫褐色，长圆形，中央稍凹陷，常引起流胶。病斑扩展至枝梢一周时，致使上部枝条枯死。潮湿环境下，病斑上出现灰色霉层。

（4）果实从幼果至成熟果均可发病（图4-1），以近成熟果发病较重。从落花后第10天幼果开始发病，果面上产生针头大小的褐斑，逐渐扩大为黑褐色病斑，幼果不腐烂，但会收缩形成畸形果。成熟果实受侵染时，初期在果面产生浅褐色小斑点；环境适宜时，病斑迅速蔓延，引起全果变褐、软腐，病斑表面常产生大量呈同心轮纹状排列的灰褐色粉状物，即病原菌的分生孢子团（图4-2）。病果腐烂后有的脱落，有的则失水变成僵果，悬挂在树枝上。

图4-1　樱桃褐腐病病果（一）

图4-2　樱桃褐腐病病果（二）

（5）因该病具有潜伏侵染特性，可严重为害储运期的果实。

【绿色防控】

（1）农业防治。改善樱桃园通风透光条件，避免湿气滞留。开花期至果实膨大期棚内相对湿度控制在 60% 左右，不宜过高或过低。

（2）人工防治。彻底清除树体及地面上的病花、病叶、病枝、病果、僵果，并带出果园集中烧毁或深埋，以降低侵染菌源。

（3）化学防治。做到适期、对症用药。发芽前喷 1 次 3~5 波美度石硫合剂；生长季每隔 10~15 天喷 1 次药，共喷 4 次左右，药剂可选用 50% 多菌灵可湿性粉剂 600 倍、70% 甲基硫菌灵可湿性粉剂 700 倍、50% 多霉灵可湿性粉剂 1 000 倍、40% 嘧霉胺悬浮剂 800~1 000 倍、50% 扑海因悬浮剂 1 000 倍或 80% 代森锰锌可湿性粉剂 800 倍。

第二节　樱桃炭疽病

【为害与诊断】

该病害主要为害果实，也能侵染叶片和新梢（图 4-3）。

图 4-3　樱桃炭疽病病叶

在樱桃花期前后，侵染嫩叶后形成茶褐色圆形或不规则形病斑，病斑中央为红褐色，边缘呈褐色或灰褐色。后期，病斑中央转变为灰白色，并密布黑色小粒状的病菌子囊孢子。病斑之间愈合引起叶片穿孔。6月侵染叶片形成的病斑不规则，粗糙，呈黑褐色，严重时引起落叶（图4-4）。幼果发病少，近成熟3~10天的果实发病多，果实病斑起初呈茶褐色、凹陷状，条件合适时病斑上产生黏性橙黄色孢子堆。该病还可在采收后储运过程中发生。

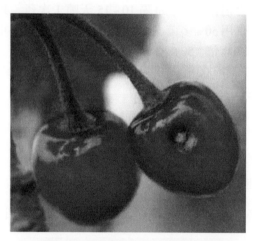

图4-4　樱桃炭疽病田间为害症状

【绿色防控】

（1）农业防治。合理施肥，增施磷、钾肥料；灌水，增强树势，可提高树体抗病力。科学修剪，剪除病残枝及茂密枝，调节通风透光。雨季注意果园排水，保持果园适当的温湿度，结合修剪，清理果园，减少病源。

（2）人工防治。结合冬季修剪彻底清除树上的枯枝、僵果和地面落果，集中烧毁，以降低越冬侵染菌源。在樱桃芽萌动至开花前后要反复剪除陆续出现的病枯枝，并及时剪除以后出现的卷叶病梢及病果，集中烧毁，防止病部产生孢子再次侵染。

（3）化学防治。早春樱桃芽萌动前喷施 3~5 波美度的石硫合剂。对发生严重的果园，开花前后喷施 1~2 次 50% 克菌丹可湿性粉剂 600 倍或 50% 多菌灵可湿性粉剂 700 倍。幼果期，根据降雨情况喷施 1：1：200 倍波尔多液 1~2 次。近成熟期，间隔 7~10 天喷 1 次，可选用 80% 代森锰锌可湿性粉剂 800 倍、80% 炭疽福美可湿性粉剂 800 倍、22.7% 二氰蒽醌悬浮剂 800 倍或 70% 甲基硫菌灵可湿性粉剂 700 倍。

第三节　樱桃树流胶病

【为害与诊断】

樱桃真菌性流胶病按症状分为干腐型和溃疡型流胶两种，主要发生在主干、主枝上。干腐型初期病斑不规则，呈暗褐色，表面坚硬，常引发流胶；后期病斑呈长条形，干缩凹陷，有时周围开裂，表面密生小黑点。溃疡型流胶病，病部树体有树脂生成，但不立即流出，而存留于木质部与韧皮部之间，病部微隆起，一般从春季树液流动时开始从病部皮孔或伤口处流出乳白色半透明胶体黏液，并逐渐变黄呈琥珀色（图 4-5），病部稍肿，变褐色腐朽，腐生其他杂菌，生长前期对树体影响不大。6月以后，症状表现较为明显，严重时树体先后出现黄叶、小叶现象，新梢停长，枝干皮层变褐，逐渐干枯（图 4-6）。

【绿色防控】

（1）农业防治。加强果园管理，改善栽培条件，秋冬季节增施腐熟的有机肥，增强树势，提高抗病力，避免病菌侵入。雨季及时排水，严防园内积水。改变灌水制度，采取滴灌、渗灌或沟灌，避免大水漫灌。

（2）人工防治。防治枝干病虫害，预防冻害、日灼伤等，

图4-5　樱桃树流胶病为害症状

图4-6　樱桃流胶病田间为害症状

尽量避免造成伤口（合理修剪、拉枝时间要适宜，及时防治枝干害虫），修剪造成的较大伤口涂保护剂。病斑仅限于表层，在冬季或开春后的雨雪天气后，流胶较松软，用镰刀及时刮除，同时在伤口处涂45%晶体石硫合剂30倍液或5波美度石硫合剂。

（3）化学防治。对已发病的枝干及时彻底刮治，涂抹5波美度石硫合剂，再在伤口涂保护剂如铅油或动物油脂或黄泥，伤口也可以用生石灰10份、石硫合剂1份、食盐2份、植物油

0.3 份加水调制成的保护剂进行涂抹。

第四节　樱桃褐斑病

【为害与诊断】

主要为害叶片。初期在嫩叶上形成具有深色中心的色斑，病斑边缘逐渐变厚并呈黑色或红褐色，病斑近圆形，浅黄褐色至灰褐色，边缘紫红色（图4-7）。常多斑愈合，并随着中心生长、干化和皱缩，最终脱落形成孔洞（图4-8）。病斑上具黑色小粒点，即病菌的子囊壳或分生孢子梗。有时也可为害新梢，病部可生出褐色霉状物。

图 4-7　樱桃褐斑病病症（一）　　图 4-8　樱桃褐斑病病症（二）

【绿色防控】

（1）选用抗病品种。

（2）农业防治。春季彻底清除樱桃园残枝落叶及落果、剪除病枝，集中深埋或烧毁。

（3）加强樱桃园管理。合理修剪，使园内通风透光良好；及时灌、排水，防止湿气滞留；增施有机肥，及时防治病虫害，以增强树势、提高树体抗病力。

（4）化学防治。萌芽前全园喷 4~5 波美度的石硫合剂或

1 : 1 : 100 倍波尔多液。

第五节　樱桃叶斑病

【为害与诊断】

主要为害叶片。初在叶脉间形成褐色或紫色近圆形的坏死病斑，叶背产生粉红色霉，后病斑融合可使叶片大部分枯死造成落叶（图4-9、图4-10）。有时叶柄和果实也能受害，产生褐色斑。

图4-9　樱桃叶斑病为害叶片正面症状

图4-10　樱桃叶斑病为害叶片背面症状

【绿色防控】

扫除落叶，消灭越冬病源。加强综合管理，改善园地条件，增强树势，提高树体抗病力。及时开沟排水，疏除过密枝条，改善樱桃园通风透光条件，避免园内湿气滞留。

第六节　樱桃腐烂病

【为害与诊断】

主要为害主干和主枝，造成树皮腐烂，致使枝枯树死。自早春至晚秋都可发生，其中4—6月发病最盛。初期病部皮层稍肿起，略带紫红色并出现流胶，最后皮层变褐色枯死，有酒糟味，表面产生黑色凸起小粒点（图4-11、图4-12）。

图4-11　樱桃腐烂病病枝条皮层褐变症状

【绿色防控】

适当疏花疏果，增施有机肥，及时防治造成早期落叶的病虫害。在樱桃发芽前刮去翘起的树皮及坏死的组织，然后向病部喷施50%福美双可湿性粉剂300倍液。

图 4-12　樱桃腐烂病为害枝条枝枯症状

　　生长期发现病斑，可刮去病部，涂沫下列药剂：70%甲基硫菌灵可湿性粉剂 1 份，加植物油 2.5 份；50%多菌灵可湿性粉剂 50~100 倍液；70%百菌清可湿性粉剂 50~100 倍液等，间隔 7~10 天再涂 1 次，防效较好。

第五章　葡萄病害诊断与绿色防控

第一节　葡萄黑痘病

【为害与诊断】

果实受害，初为圆形深褐色小斑点，后扩大，中央凹陷，呈灰白色，外部仍为深褐色，而周缘紫褐色，似"鸟眼"状。多个病斑可连接成大斑，后期病斑硬化或龟裂。病果小而酸，失去食用价值。空气潮湿时，病斑上出现乳白色的黏质物，此为病菌的分生孢子团。叶片受害，开始出现针头大小的黑褐色斑点，周围有黄色晕圈，后病斑扩大呈圆形或不规则形，中央灰白色，稍凹陷，边缘紫褐色至黑褐色，直径1~4毫米。干燥时病斑自中央破裂穿孔，但病斑周缘仍保持紫褐色的晕圈。叶脉被害，病斑呈梭形、凹陷、灰色或灰褐色，边缘暗褐色，后由于组织干枯，常使叶片扭曲、皱缩。新梢、蔓、叶柄或卷须果梗和穗轴等处的症状与新梢相似（图5-1、图5-2）。

【绿色防控】

①冬季修剪时，剪除病枝梢及残存的病果，刮除病、老树皮，彻底清除果园内的枯枝、落叶、烂果等，然后集中烧毁，减少病源。②种植抗病品种。③化学防治：芽鳞膨大，但尚未出现绿色组织时喷3~5波美度的石硫合剂。开花前后各喷1次1：0.7：250的波尔多液或10%世高水分散粒剂2 000~3 000倍液、52.5%抑快净水分散粒剂2 000~3 000倍液、50%苯菌灵可

图 5-1　葡萄黑痘病嫩枝嫩叶症状

图 5-2　葡萄黑痘病卷须症状

湿性粉剂 1 500～1 600 倍液、50%多菌灵可湿性粉剂 600 倍液等。

第二节　葡萄霜霉病

【为害与诊断】

　　叶片被害，初生淡黄色水渍状边缘不清晰的小斑点，以后逐渐扩大为褐色不规则形或多角形病斑，数斑相连变成不规则形大斑。天气潮湿时，于病斑背面产生白色霜霉状物，即病菌的孢囊梗和孢子囊。发病严重时病叶早枯落。嫩梢受害，形成水渍状斑点，后变为褐色略凹陷的病斑，潮湿时病斑也产生白色霜霉。病重时新梢扭曲，生长停止，甚至枯死。卷须、穗轴、叶柄有时也能被害，其症状与嫩梢相似。幼果被害，病部褪色，变硬下陷，上生白色霜霉，很易萎缩脱落。果粒半大时受害，病部褐色至暗色，软腐早落。果实着色后不再侵染（图5-3、图5-4）。

图5-3 葡萄霜霉病症（一）

图5-4 葡萄霜霉病症（二）

【绿色防控】

①秋季彻底清扫果园，剪除病梢，收集病叶，集中深埋或烧毁，减少菌源。②加强果园管理，及时夏剪，引缚枝蔓，改善架面通风透光条件。注意除草、排水、降低地面湿度。适当增施磷钾肥，对酸性土壤施用石灰，提高植株抗病能力。③选用无滴消雾膜做设施的外覆盖材料，并在设施内全面积覆盖地膜，降低其空气湿度和防止雾气发生，抑制孢子囊的形成、萌发和游动孢子的萌发侵染。④化学防治：芽前地面喷 1 次 3～5 波美度的石硫合剂。发芽后每 10 天左右喷 1 次杀菌保护剂，药剂可选用：1∶0.7∶200 的波尔多液、69%代森锰锌·烯酰吗啉可湿性粉剂 800 倍液、72%霜脲氰·代森猛锌可湿性粉剂 750 倍液、58%雷多米尔锰锌可湿性粉剂 600 倍液、64%杀毒矾可湿性粉剂 500 倍液等。

第三节　葡萄锈病

【为害与诊断】

南方葡萄产区重要病害之一。叶片被害，初期叶面出现零星单个小黄点，周围水渍状，之后叶片背面形成橘黄色夏孢子堆，逐渐扩大，沿叶脉处较多。夏孢子堆成熟后破裂，散出大量橙黄色粉末状夏孢子，布满整个叶片，致叶片干枯或早落。秋末病斑变为多角形灰黑色斑点，形成冬孢子堆，表皮一般不破裂。偶见叶柄、嫩梢或穗轴上出现夏孢子堆(图 5-5、图 5-6)。

【绿色防控】

(1) 加强葡萄园管理。入冬前施足有机肥，果实采收后仍要加强肥水管理。发病初期清除病叶，既可减少田间菌源，又有利于通风透光，降低葡萄园湿度。

图 5-5 葡萄锈病初期症状

图 5-6 葡萄锈病中期症状

（2）化学防治。发病初期喷洒 0.2～0.3 波美度石硫合剂或 45% 晶体石硫合剂 300 倍液、20% 三唑酮（粉锈宁）乳油 1 500～2 000倍液、20% 三唑酮·硫悬浮剂 1 500 倍液、40% 多·硫悬浮剂 400～500 倍液、25% 敌力脱乳油 3 000 倍液等。隔 15～

20 天喷 1 次。

第四节　葡萄白粉病

【为害与诊断】

　　叶片受害，叶表面产生一层灰白色粉质霉层，逐渐蔓延到整个叶片，严重时病叶卷缩枯萎。新枝蔓受害，初呈灰白色小斑，后扩展蔓延使全蔓发病，病蔓由灰白色变成暗灰色，最后变为黑色。果实受害，先在果粒表面产生一层灰白色粉状霉，擦去白粉，表皮呈现褐色花纹，最后表皮细胞变为暗褐色，受害幼果容易开裂（图5-7、图5-8）。

图5-7　葡萄白粉病症状

【绿色防控】

　　①秋后剪除病梢，清扫病叶、病果及其他病残体，集中烧毁。②加强栽培管理：及时摘心绑蔓，剪除副梢及卷须，保持通风透光。雨季注意排水防涝，喷磷酸二氢钾等叶面肥和根施复合肥，增强树势，提高抗病力。③化学防治：参考葡萄锈病的化学防治。

图 5-8　葡萄白粉病前、中、后期症状

第五节　葡萄褐斑病

【为害与诊断】

　　只为害葡萄叶片，有大褐斑病和小褐斑病两种。大褐斑病初在叶面长出许多近圆形、多角形或不规则形的褐色小斑点。以后斑点逐渐扩大，直径达 3~10 毫米。病斑中部呈黑褐色，边缘褐色，病、健部分界明显。叶背病斑呈淡黑褐色。发病严重时，一张叶片上病斑可多达数十个，常互相愈合成不规则形的大斑，后期在病斑背面产生深褐色的霉状物，即病菌的孢梗束及分生孢子。严重时病叶干枯破裂，以至早期脱落。小褐斑病在叶片上呈现深褐色小斑，中部颜色稍浅，后期病斑背面长出一层较明显的黑色霉状物，病斑直径 2~3 毫米，大小比较一致（图 5-9、图 5-10）。

【绿色防控】

　　①秋后彻底清扫果园落叶，集中烧毁或深埋，以消灭越冬菌源。②在发病初期结合防治黑痘病、炭疽病等，药剂可选用：

图 5-9　葡萄小褐斑病症状

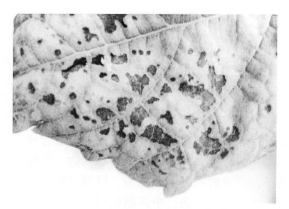

图 5-10　葡萄大褐斑病症状

0.5%石灰半量式波尔多液、70%代森锰锌可湿性粉剂 500~600 倍液、75%百菌清可湿性粉剂 600~700 倍液等。每隔 10~15 天喷 1 次，连续喷 2~3 次，有良好的防治效果。

第六节 葡萄白腐病

【为害与诊断】

　　主要为害果穗、穗轴、果粒、枝蔓和叶片。果穗受害，多发生在果实着色期，先从近地面的果穗尖端开始发病，在穗轴和果梗上产生淡褐色、水渍状、边缘不明显的病斑，进而病部皮层腐烂，手擒极易与木质部分离脱落，并有土腥味（图5-11）。果粒受害，多从果柄处开始，而后迅速蔓延到果粒，使整个果粒呈淡褐色软腐，严重时全穗腐烂，病果极易受震脱落，重病园地面落满一层，这是白腐病发生的最大特点（图5-12）。叶片受害，先从植株下部近地面的叶片开始，多在叶尖、叶缘或有损伤的部位形成淡褐色、水渍状、近圆形或不规则形的病斑，并略具同心轮纹，其上散生灰白色至灰黑色小粒点，且以叶脉两边居多，后期病斑干枯易破裂。

图5-11　葡萄白腐病为害情况

【绿色防控】

　　在葡萄发芽前，喷施一次下列药剂：3~5波美度石硫合剂；

图 5-12　葡萄幼果期白腐病为害症状

50%克菌丹可湿性粉剂 200~400 倍液，对越冬菌源有较好的铲除效果。

　　生长季节，葡萄开花后，病害发生前期，可用下列药剂进行预防：75%百菌清可湿性粉剂 700~800 倍液；50%福美双可湿性粉剂 500~1 000 倍液；70%甲基硫菌灵可湿性粉剂 800 倍液；25%嘧菌酯悬浮剂 800~1 250 倍液。

　　病害发生初期，可用下列药剂：25%戊唑醇水乳剂 2 000~3 000倍液；25%嘧菌酯悬浮剂 800~1 250倍液；35%丙环唑·多菌灵悬浮剂 1 400~2 000倍液；40%氟硅唑乳油 8 000~10 000倍液。

第七节　葡萄炭疽病

【为害与诊断】

　　主要为害果粒，造成果粒腐烂。严重时也可为害枝干、叶片。果实着色后、近成熟期显现症状，果面出现淡褐或紫色斑点，水渍状，圆形或不规则形，渐扩大，变褐色至黑褐色，腐烂凹陷。天气潮湿时，病斑表面涌出粉红色黏稠点状物，呈同心轮纹状排列。病斑可蔓延到半个至整个果粒，腐烂果粒易脱落。嫩梢、叶柄或果枝发病，形成长椭圆形病斑，深褐色。果实近成熟时，穗轴上有时产生椭圆形病斑，常使整穗果粒干缩。卷须发病后，常枯死，表面长出红色病原物。叶片受害多在叶缘部位产生近圆形或长圆形暗褐色病斑。空气潮湿时，病斑上亦可长出粉红色的分生孢子团（图5-13）。

图5-13　葡萄炭疽病为害情况

【绿色防控】

　　春季幼芽萌动前喷洒3~5波美度石硫合剂加0.5%五氯酚钠。

　　在葡萄发芽前后，可喷施1∶0.7∶200倍式波尔多液、80%代森锰锌可湿性粉剂300~500倍液、波美3度石硫合剂+80%五氯酚钠原粉200倍液。

　　葡萄落花期，病害发生前期，可喷施下列药剂：50%多菌灵可湿性粉剂600~800倍液；80%代森锰锌可湿性粉剂600~

800 倍液；70%丙森锌可湿性粉剂 600~800 倍液等。

6 月中旬葡萄幼果期是防治的关键时期（图 5-14），可用下列药剂：2%嘧啶核苷类抗生素水剂 200 倍液；1%中生菌素水剂 250~500 倍液；35%丙环唑·多菌灵悬浮剂 1 400~2 000倍液；25%咪鲜胺乳油 800~1 500倍液；40%腈菌唑可湿性粉剂 4 000~6 000倍液；40%氟硅唑乳油 8 000~10 000倍液；40%克菌丹·戊唑醇悬浮剂 1 000~1 500倍液；50%醚菌酯干悬浮剂 3 000~5 000倍液。

图 5-14　葡萄幼果期炭疽病发生前期症状

第八节　葡萄灰霉病

【为害与诊断】

主要为害花序、幼果和已成熟的果实，有时亦为害新梢、叶片和果梗。花序受害，似热水烫状，后变暗褐色，病部组织软腐，表面密生灰霉，被害花序萎蔫，幼果极易脱落(图 5-15)。新梢及叶片上产生淡褐色，不规则形的病斑，亦长出鼠灰色霉层。花穗和刚落花后的小果穗易受侵染，发病初期受害部呈淡褐色水渍状，很快变暗褐色，整个果穗软腐，潮湿时病穗上长出一层鼠灰色的霉层。成熟果实及果梗被害，果面出现褐色凹陷病斑，很快整个果实软腐，长出鼠灰色霉层，果梗变黑色，不久在病部长出黑色块状菌核。

图 5-15　葡萄灰霉病为害花序症状

【绿色防控】

春季开花前，喷洒 1∶1∶200 等量式波尔多液、50%多菌灵可湿性粉剂 500 倍液或 70%甲基硫菌灵可湿性粉剂 600 倍液等，喷 1~2 次，有一定的预防效果。

4 月上旬葡萄开花前，可喷施下列药剂进行预防：80%代森锰锌可湿性粉剂 600~800 倍液；50%多菌灵可湿性粉剂800~1 000倍液。

在病害发生初期（图 5-16），可用下列药剂：40%嘧霉胺悬浮剂 1 000~1 200 倍液；50%嘧菌环胺水分散粒剂 625~1 000 倍液；40%双胍三辛烷基苯磺酸盐可湿性粉剂 1 000~1 500 倍液；40%双胍辛胺可湿性粉剂 1 000~2 000 倍液；25%咪鲜胺乳油 1 000~1 500 倍液；60%噻菌灵可湿性粉剂 500~600 倍液；

50%异菌脲可湿性粉剂 1 000~1 500倍液；50%苯菌灵可湿性粉剂 1 000~1 500倍液喷施，间隔 10~15 天，连喷 2~3 次。

图 5-16　葡萄灰霉病为害初期症状

第六章　枣病害诊断与绿色防控

第一节　枣锈病

【为害与诊断】

　　仅为害叶片，发病初期在叶片背面散生淡绿色小点，后逐渐突起成黄褐色锈斑，多发生在叶脉两侧及叶尖和叶基。后期破裂散出黄褐色粉状物（图6-1）。叶片正面，在与夏孢子堆相对处呈现许多黄绿色小斑点，叶面呈花叶状，逐渐失去光泽，最后干枯早落（图6-2）。

图6-1　枣锈病为害叶片背面症状

图6-2　枣锈病为害叶片正面症状

【绿色防控】

　　合理密植，修剪过密枝条，以利通风透光，增强树势，雨季及时排水，防止果园过湿，行间不种高秆作物和西瓜、蔬菜等经常灌水的作物。落叶后至发芽前，彻底清扫枣园内落叶，集中烧毁或深翻掩埋土中，消灭初侵染来源。

　　6月中旬，夏孢子萌发前，喷施下列药剂进行预防：80%代森锰锌可湿性粉剂600~800倍液；65%代森锌可湿性粉剂500~600倍液等。

　　在7月中旬枣锈病的盛发期喷药防治，可用下列药剂：20.67%恶唑菌酮·氟硅唑2 000~2 500倍液；25%三唑铜可湿性粉剂1 000~1 500倍液。

第二节 枣疯病

【为害与诊断】

枣疯病的发生，一般是先从一个或几个枝条开始，然后再传播到其他枝条，最后扩展至全株，但也有整株同时发病的。症状特点是枝叶丛生，花器变为营养器官（图6-3），花柄延长成枝条，花瓣、萼片和雄蕊肥大、变绿、延长成枝叶，雌蕊全部转化成小枝。病枝纤细，节间变短，叶小而萎黄，一般不结果。病树健枝能结果，但其所结果实大小不一，果面凹凸不平，着色不匀，果肉多渣，汁少味淡，不堪食用。后期病根皮层变褐腐烂，最后整株枯死（图6-4）。

图6-3 枣疯病为害花器叶变症状

【绿色防控】

于早春树液流动前和秋季树液回流至根部前，注射1 000万

图 6-4　枣疯病冬季落叶后症状

单位土霉素 100 毫升/株或 0.1%四环素 500 毫升/株。

以 4 月下旬、5 月中旬和 6 月下旬为最佳喷药防治传毒害虫时期，全年共喷药 3~4 次。可喷施下列药剂：25%喹硫磷乳油 1 000~1 500 倍液；80%敌敌畏乳油 800~1 000 倍液；50%辛硫磷乳油 1 000~2 000 倍液；50%杀螟硫磷乳油 1 000~1 500 倍液；20%异丙威乳油 500~800 倍液；10%氯氰菊酯乳油 2 000~3 000 倍液；10%联苯菊酯乳油 2 000~2 500 倍液等。

第三节　枣炭疽病

【为害与诊断】

主要为害果实，也可侵染枣吊、枣叶、枣头及枣股。染病果实着色早，在果肩或果腰处出现淡黄色水渍状斑点，逐渐扩大成不规则形黄褐色斑块，中间产生圆形凹陷病斑，病斑扩大后连片，呈红褐色，引起落果。在潮湿条件下，病斑上长出许多黄褐色小凸起。剖开病果，果核变黑，味苦，不能食用。轻病果虽可食用，但均带苦味，品质变劣。叶片受害后变黄绿早落，有的呈黑褐色焦枯状悬挂在枝头（图6-5、图6-6）。

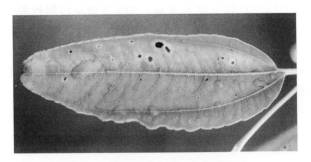

图6-5 枣炭疽病为害叶片初期症状

图6-6 枣炭疽病为害叶片后期症状

【绿色防控】

于发病期前的 6 月下旬喷施一次杀菌剂消灭树上病源，可选用下列药剂：75%百菌清可湿性粉剂 600～800 倍液；77%氢氧化铜可湿性粉剂 400～600 倍液。

于 7 月下旬至 8 月下旬，间隔 10 天喷药 1 次，可选用下列药剂：1∶2∶200 倍式波尔多液；50%苯菌灵可湿性粉剂 500～600 倍液；40%氟硅唑乳油 8 000～10 000 倍液；70%甲基硫菌灵可湿性粉剂 800～1 000 倍液；50%多菌灵可湿性粉剂 800～1 000 倍液等。5%亚胺唑可湿性粉剂 600～700 倍液，保护果实，至 9 月上中旬结束喷药。

第四节　枣缩果病

【为害与诊断】

为害枣果，引起果腐和提前脱落。病果初在肩部或腹部出现淡黄色晕环，逐渐扩大，稍凹呈不规则淡黄色病斑。进而果皮水渍状，浸润型，散布针刺状圆形褐点；果肉土黄色、松软，外果皮暗红色、无光泽。病部组织发软萎缩，果柄暗黄色，提前形成离层而早落。病果小、皱缩、干瘪，组织呈海绵状坏死，味苦，不堪食用（图 6-7、图 6-8）。

【绿色防控】

秋冬季节彻底清除枣园病果烂果，集中处理。大龄树，在枣树萌芽前刮除并烧毁老树皮。

增施有机肥和磷、钾肥，少施氮肥，合理间作，改善枣园通风透光条件。雨后及时排水，降低田间湿度。

加强对枣树害虫，特别是刺吸式口器和蛀果害虫，如桃小食心虫、蚧壳虫、蝽象等害虫的防治，可减少伤口，有效减轻

图 6-7　枣缩果病为害果实前期症状

图 6-8 枣缩果病为害果实中期症状

病害发生。前期喷施杀虫剂，以防治食芽象甲、叶禅、枣尺蠖为主；后期 8—9 月结合杀虫，施用氯氰菊酯等杀虫剂与烯唑醇混合喷雾，对枣缩果病的防效可达 95% 以上。

　　根据气温和降雨情况，7 月下旬至 8 月上旬喷第一次药，间隔 10 天左右再喷 2~3 次药，枣果采收前 10~15 天是防治关键期。目前比较有效的药剂有：50% 多菌灵可湿性粉剂 600~800 倍液+80% 代森锰锌可湿性粉剂 750~800 倍液；70% 甲基硫菌灵可湿性粉剂 1 000~1 200 倍液；10% 苯醚甲环唑水分散粒剂 2 000~3 000 倍液等。喷药要均匀，雾点要细，使果面全部着药，遇雨及时补喷。

第五节　枣灰斑病

【为害与诊断】

　　主要为害叶片，叶片感病后，病斑暗褐色，圆形或近圆形。后期中央变为灰白色，边缘褐色，其上散生黑色小点，即为病原菌的分生孢子器（图6-9、图6-10）。

图 6-9　枣灰斑病为害叶片前期症状

图 6-10 枣灰斑病为害叶片后期症状

【绿色防控】

秋后清扫落叶，集中烧毁或深埋，减少侵染源。

发病初期，可选用下列药剂：70%甲基硫菌灵可湿性粉剂800~1 000倍液；50%多菌灵可湿性粉剂 800~1 000倍液；50%苯菌灵可湿性粉剂 1 500~2 000倍液；50%嘧菌酯水分散粒剂5 000~7 000倍液；25%吡唑醚菌酯乳油 1 000~3 000倍液；24%腈苯唑悬浮剂 2 500~3 000倍液；50%异菌脲可湿性粉剂 1 000~1 500倍液等，喷雾防治。

第六节 枣叶斑病

【为害与诊断】

主要为害叶片，初期在叶片上出现灰褐色或褐色圆形斑点，边缘有黄色晕圈，病情严重时，叶片黄化早落，妨碍枣树花期的授粉、受精过程，并出现落花、落果现象（图6-11、图6-12）。

图6-11 枣叶斑病为害叶片初期症状

图6-12　枣叶斑病为害叶片后期症状

【绿色防控】

秋、冬季进行清园,清扫并焚烧枯枝落叶,消灭越冬病原菌。

在萌芽前枣园喷施3~5波美度石硫合剂。

5—7月,喷施下列药剂:50%多菌灵可湿性粉剂800倍液;70%甲基硫菌灵可湿性粉剂800~1 000倍液;40%腈菌唑水分散粒剂6 000~7 000倍液;25%丙环唑乳油500~1 000倍液;1.5%多抗霉素可湿性粉剂200~500倍液,间隔7~10天喷1次,连喷2~3次,可有效地控制该病的发生。

第七章　草莓病害诊断与绿色防控

第一节　草莓灰霉病

【为害与诊断】

　　主要为害花器、果柄、果实、叶片。花器染病时(图 7-1)，花萼上初呈水渍状针眼大的小斑点，后扩展成近圆形或不规则形较大病斑，导致幼果湿软腐烂，湿度大时，病部产生灰褐色霉状物。

图 7-1　草莓灰霉病为害花器症状

　　果柄受害，先产生褐色病斑，湿度大时，病部产生一层灰色霉层（图 7-2）。果实顶柱头呈水渍状病斑，继而演变成灰褐色斑，空气潮湿时病果湿软腐化，病部生灰色霉状物，天气干燥时病果呈干腐状，最终造成果实坠落。叶片受害，初产生水渍状病斑，扩大后病斑呈不规则形，湿度大时，病部可产生灰色霉层，发病严重时，病叶枯死。

图7-2　草莓灰霉病为害果柄症状

【绿色防控】

经常剔除烂果、病残老叶，并将其深埋或烧毁，减少病原菌的再侵染。及时摘除病叶、病花、病果及黄叶，保持棚室干净，通风透光，适当降低密度，选择透气，排灌方便的砂壤土；避免施用氮肥过多。地膜覆盖，防止果实与土壤接触，避免感染病害。

定植前撒施25%多菌灵可湿性粉剂5~6千克/亩，而后耙入土中。

移栽或育苗整地前，可用下列药剂：65%甲基硫菌灵·乙霉威可湿性粉剂400~600倍液+50%克菌丹可湿性粉剂400~600倍液；50%多菌灵·乙霉威可湿性粉剂600~800倍液+50%敌菌灵可湿性粉剂400~500倍液；40%嘧霉胺悬浮剂800~1 000倍液，对棚膜、土壤及墙壁等表面喷雾，进行消毒灭菌。

草莓开花前开始喷药防治，选用下列药剂：70%甲基硫菌灵可湿性粉剂 800~1 000 倍液+75%百菌清可湿性粉剂 600~800 倍液；50%腐霉利可湿性粉剂 1 000~2 000 倍液。

防治大棚或温室草莓灰霉病，采用熏蒸法，可用下列药剂：6.5%甲基硫菌灵·乙霉威粉尘剂 1 千克/亩；20%嘧霉胺烟剂 0.3~0.5 千克/亩；45%百菌清粉尘剂 1 千克/亩熏烟，间隔 7~10 天熏 1 次，连续或与其他防治法交替使用 2~3 次，防治效果较理想。

<h2 style="text-align:center">第二节　草莓蛇眼病</h2>

【为害与诊断】

主要为害叶片、果柄、花萼。叶片染病后，初形成小而不规则的红色至紫红色病斑（图7-3）。

图7-3　草莓蛇眼病为害叶片初期症状

病斑扩大后，中心变成灰白色圆斑，边缘紫红色，似蛇眼

Bild

状（图7-4），后期病斑上产生许多小黑点。果柄、花萼染病后，形成边缘颜色较深的不规则形黄褐至黑褐色斑，干燥时易从病部断开。

图7-4　草莓蛇眼病为害叶片后期症状

【绿色防控】

控制施用氮肥，以防徒长，适当稀植，发病期注意多放风，应避免浇水过量。收获后及时清理田园，被害叶集中烧毁。发病严重时，采收后全部割叶，随后加强中耕、施肥、浇水，促使及早长出新叶。

发病前期，可喷施下列药剂：75%百菌清可湿性粉剂500~600倍液；77%氢氧化铜可湿性粉剂500~600倍液；65%代森锌可湿性粉剂600~800倍液；80%代森锰锌可湿性粉剂600~800倍液等。

发病初期，喷淋下列药剂：50%琥胶肥酸铜可湿性粉剂500~600倍液；50%敌菌灵可湿性粉剂500~700倍液；25%丙

环唑乳油 1 500～2 000 倍液；50%苯菌灵可湿性粉剂 1 500～
1 800倍液，间隔 10 天喷 1 次，共喷 2～3 次，采收前 3 天停止
用药。

第三节　草莓白粉病

【为害与诊断】

　　主要为害叶片、叶柄、花、梗及果实。叶片受侵染初期在
叶背及茎上产生白色近圆形星状小粉斑，后向四周扩展成边缘
不明显的连片白粉，严重时整片叶布满白粉，叶缘也向上卷曲
变形，叶质变脆；后期呈红褐色病斑，叶缘萎缩，最后病叶逐
渐枯黄。叶柄受害覆有一层白粉。花蕾受害不能开放或开花不
正常。果实早期受害，幼果停止发育，其表面明显覆盖白粉，
严重影响浆果质量（图 7-5、图 7-6）。

图 7-5　草莓白粉病为害成熟果实症状

【绿色防控】

　　在草莓定植缓苗后至扣棚前，彻底摘除老、残、病叶，带

图 7-6　草莓白粉病为害果实后期症状

出田外烧毁或深埋。生长季节及时摘除地面上的老叶及病叶、病果，并集中深埋，切忌随地乱丢；要注意园地的通风条件，雨后要及时排水。

　　在草莓生长前期，未感染白粉病时，可用下列药剂：80%代森锰锌可湿性粉剂 800~1 000 倍液；75%百菌清可湿性粉剂600~800 倍液；50%灭菌丹可湿性粉剂 400~500 倍液。选用保护性强的杀菌剂喷雾，具有长期的预防保护效果。在草莓生长中后期，白粉病发生时，可用下列药剂：30%醚菌酯·啶酰菌胺悬浮剂 1 000~2 000 倍液；12.5%烯唑醇可湿性粉剂 1 500~2 000倍液；10%苯醚甲环唑水分散粒剂 2 000~3 000 倍液。

第四节　草莓轮斑病

【为害与诊断】

　　主要为害叶片，发病初期在叶片上产生红褐色的小斑点，逐渐扩大后，病斑中间呈灰褐色或灰白色，边缘褐色，外围呈紫黑色，病健分界处明显。在叶尖部分的病斑常呈"V"字形扩展（图7-7），造成叶片组织枯死。发病严重时，病斑常常相互联合，致使全叶片变褐枯死（图7-8）。

图7-7　草莓轮斑病为害叶片"V"字形斑

图7-8　草莓轮斑病为害叶片后期症状

【绿色防控】

及时发现和控制病情，及时清除销毁病叶。收获后及时清洁田园，将病残体集中于田外烧毁埋葬，消灭越冬病菌。

新叶时期使用适量的杀菌剂预防。可用下列药剂：50%多菌灵可湿性粉剂 500~700 倍液；80%代森锰锌可湿性粉剂 600~800 倍液；70%甲基硫菌灵可湿性粉剂 800~1 000 倍液，在移栽前浸苗 10~20 分钟，晒干后移植。

发病初期，可喷施下列药剂：50%异菌脲可湿性粉剂 1 000~2 000 倍液+50%敌菌灵可湿性粉剂 400~600 倍液；70%甲基硫菌灵可湿性粉剂 800~1 000 倍液+65%代森锌可湿性粉剂 500~600 倍液；25%吡唑醚菌酯乳油 2 000~3 000 倍液；10%苯醚甲环唑水分散粒剂 2 000~3 000 倍液，间隔 10 天左右喷施 1次，连续防治 2~3 次。

第五节　草莓炭疽病

【为害与诊断】

主要为害匍匐茎、叶柄、叶片、果实。叶片受害，初产生黑色纺锤形或椭圆形溃疡斑，稍凹陷（图7-9）。

匍匐茎和叶柄上的病斑成为环形圈，扩展后病斑以上部分萎蔫枯死，湿度高时病部可见肉红色黏质孢子堆。随着病情加重，全株枯死（图7-10）。根茎部横切面观察，可见自外向内发生局部褐变。浆果受害，产生近圆形病斑，淡褐至暗褐色，软腐状并凹陷，后期可长出肉红色黏质孢子堆。

【绿色防控】

避免苗圃地多年连作，尽可能实施轮作。注意清园，及时摘除病叶、病茎、枯老叶等带病残体。连续出现高温天气时灌

图 7-9　草莓炭疽病为害叶片症状

图 7-10　草莓炭疽病为害果柄症状

"跑马水"，并用遮阳网遮阳降温。

注意喷药预防苗床应在匍匐茎开始伸长时进行喷药保护，可喷施下列药剂：40%多菌灵悬浮剂 500~800 倍液+70%代森联水分散粒剂 500~600 倍液；70%甲基硫菌灵可湿性粉剂 800~1 000倍液+80%代森锰锌可湿性粉剂 800~1 000倍液；30%碱式硫酸铜悬浮剂 700~800 倍液等。定植前 1 周左右，在苗床再喷药 1 次，再将草莓苗移栽到大田，可减少防治面积和传播速度。

大田见有发病中心时，可选用下列药剂：60%噻菌灵可湿性粉剂 1 500~2 000 倍液+80%福美双·福美锌可湿性粉剂 800~1 200 倍液；10%苯醚甲环唑水分散粒剂 1 500~2 000 倍液。

第六节　草莓褐斑病

【为害与诊断】

主要为害叶片，发病初期在叶上产生紫红色小斑点，逐渐扩大后，中间呈灰褐色或白色，边缘褐色，外围呈紫红色或棕红色，病健交界明显叶部分的病斑常呈"V"形扩展(图 7-11)，有时呈"U"形病斑（图 7-12），造成叶片组织枯死，病斑多互相愈合，致使叶片变褐枯黄。后期病斑上可生不规则轮状排列的褐色至黑褐色小点，即分生孢子器。

【绿色防控】

发现病叶及时摘除，加强田间管理，通风透光，合理施肥，增强抗逆能力。

草莓移栽时摘除病叶后，并用 70%甲基硫菌灵可湿性粉剂 500 倍液浸苗 15~20 分钟，待药液晾干后栽植。

田间在发病初期，喷洒下列药剂：70%甲基硫菌灵可湿性粉剂 800~1 000 倍液+80%代森锰锌可湿性粉剂 700~900 倍液；50%异菌脲可湿性粉剂 1 000~1 500 倍液；10%苯醚甲环唑水分

图 7-11　草莓褐斑病叶片上"V"形病斑

图 7-12　草莓褐斑病叶片上的"U"形病斑

散粒剂 1 500~2 000 倍液。

第八章　猕猴桃病害诊断与绿色防控

第一节　猕猴桃褐斑病

【为害与诊断】

　　发病初期，多在叶片边缘产生近圆形暗绿色水渍状斑，在多雨高湿的条件下，病斑迅速扩展，形成大型近圆形或不规则形斑。后期病斑中央为褐色，周围呈灰褐色或灰褐相间，边缘深褐色，其上产生许多黑色小点（图8-1）。

图8-1　猕猴桃褐斑病——叶部病斑

　　在多雨高湿条件下，病情发展迅速，病部由褐色变成黑色，引起霉烂。严重时，受害叶片卷曲破裂，干枯易脱落(图8-2)。

图 8-2 褐斑病背面症状

【绿色防控】

（1）农业防治。加强果园管理，清沟排水，增施有机肥，适时修剪，清除病残体。

（2）化学防治。发病初期，使用 75%百菌清 500 倍液、25%嘧菌酯 1 500 倍、68%精甲霜锰锌 400 倍液，隔 5~7 天喷 1 次，连喷 2~3 次。发病中期使用 30%苯甲丙环唑 2 000倍液，32.5%苯甲嘧菌酯 1 500 倍液。在采果前 30 天，用 56%嘧菌·百菌清 1 000倍液喷 1~2 次，可延长叶片寿命，提高果实品质。用 70%代森锰锌 400~800 倍液叶面喷施，要均匀周到片片见药、或喷洒猕杀粉剂 600~800 倍液，如发现园内叶片有红蜘蛛，可在药液中加入阿维菌素或阿维甲氰 1 500~2 000倍液，兼杀红蜘蛛。

第二节　猕猴桃黄叶病

【为害与诊断】

　　发生黄叶病的叶片，除叶脉为淡绿色外，其余部分均发黄失绿（图8-3、图8-4），叶片小，树势衰弱。严重时叶片发白，外缘卷缩、枯焦，果实外皮黄化，果肉切开呈白色，丧失食用价值，长时间发病还会引起整株树死亡。

图8-3　猕猴桃黄叶病叶部症状（一）

【绿色防控】

　　（1）农业防治。结合修剪抹芽、疏花疏果，剪除病枝蔓，抹掉病弱芽，合理留花留果，以免果树负载量过大，造成树势衰弱，降低自身抗病能力；注意平衡施肥，结合浇水，在施足氮、磷（磷肥不宜施用过量）肥料的同时注意增施氯化钾或硫酸钾，盛果园每亩（1亩≈667平方米）7千克。在偏碱性土壤

图 8-4 猕猴桃黄叶病叶部症状（二）

中加施硫酸铵、硝酸铵、酒糟、醋糟和腐熟的有机肥、生物钾、生物有机肥等，增强树势，提高抗病能力。

（2）化学防治。中草药保护性杀菌剂靓果安和叶面肥沃丰素配合使用。

靓果安重点使用时期：萌芽展叶期、新梢生长期各喷施1次（4—5月）；果实膨大期6—8月，每个月全园喷施靓果安效果佳。

沃丰素重点使用时期：新梢期、花后、果实膨大期使用，按500~600倍液（每350毫升对水200千克使用）各时期喷施1次。

第三节　猕猴桃黑斑病

【为害与诊断】

受害叶背面生出许多点状、团块状至不规则形，黑褐色或灰黑色厚而密的扩散霉层。叶片初期生褪绿的黄色小点，后扩大成圆形至不规则形的黄褐色至深褐色病斑，其上依稀可见许多近黑色小点，一片叶子上有数个或数十个病斑，病斑上有黑色小霉点（图8-5），后期融合成大病斑。严重时叶片变黄早落，影响产量。

图8-5　猕猴桃黑斑病叶部症状

【绿色防控】

（1）农业防治。建园时选用抗病品种，如梅沃德、建宁79D-13等品种（株系）；生产管理上除做好冬剪、夏剪、落叶后清园外，还应注意防止病菌传入。

（2）化学防治。对发病植株，在发病初、中期对全植株喷洒70%甲基硫菌灵可湿性粉剂1 000倍液，或用25%多菌灵可湿性粉剂500倍液，或用20%三环唑可湿性粉剂1 000倍液。

第四节　猕猴桃果实熟腐病

【为害与诊断】

在收获的果实一侧出现类似大拇指压痕斑，微微凹陷，褐色，酒窝状，直径大约 5 毫米，其表皮并不破，剥开皮层显出微淡黄色的果肉，病斑边缘呈暗绿色或水渍状，中间常有乳白色的锥形腐烂，数天内可扩展至果肉中间乃至整个果实腐烂（图 8-6）。

图 8-6　猕猴桃果实熟腐病为害状

【绿色防控】

（1）农业防治。谢花后 1 周开始幼果套袋，避免侵染；清除修剪下来的枝条和枯枝落叶，集中烧毁，减少病菌寄生场所。

（2）化学防治。从谢花后两周至果实膨大期（5—8 月）向树冠喷布 50%多菌灵可湿性粉剂 800 倍液或波尔多液（1：0.5：200），或 80%甲基硫菌灵可湿性粉剂 1 000倍液，喷洒 2~3 次，喷药期间隔 20 天左右。

第五节　猕猴桃根腐病

【为害与诊断】

　　猕猴桃根腐病为毁灭性真菌病害，能造成根颈部和根系腐烂，严重时整株死亡。初期在根颈部出现暗褐色水渍状病斑，逐渐扩大后产生白色绢丝状菌丝。病部皮层和木质部逐渐腐烂，有酒糟气味，菌丝大量发生后经 8~9 天形成菌核，似油菜籽大小，淡黄色。下面的根系逐渐变黑腐烂，地上部叶片变黄脱落，树体萎蔫死亡（图 8-7）。

图 8-7　猕猴桃根腐病症状

【绿色防控】

　　(1) 农业防治。实行高垄栽培，合理排水、灌水，保证果园无积水；及时中耕除草，破除土壤板结，增加土壤通气性，促进根系生长；增施有机肥，提高土壤腐殖质含量，促进根系生长；科学施肥，合理耕作，避免肥害和大的根系损伤；控制负载量，增强树势。

　　(2) 植物检疫。把好苗木检疫关。

　　(3) 化学防治。在早春和夏末进行扒土晾根，刮治病部或截除病根，然后使用青枯立克 300 倍液+海藻生根剂——根基宝 300 倍液进行灌根，小树 1 株灌 7.5~10 千克，大树 1 株灌 15~25 千克。叶面喷施沃丰素，每350毫升沃丰素对水200~250千克，进行叶面喷雾，谢花后连喷2次，果实迅速膨大期7月上中旬喷一次。

第六节　猕猴桃根结线虫病

【为害与诊断】

在植株受害嫩根上产生细小肿胀或小瘤，数次感染则变成大瘤。瘤初期白色，后变为浅褐色，再变为深褐色，最后变成黑褐色。受根结线虫为害的植株根系发育不良，大量嫩根枯死，细根呈丛状，根发枝少，且生长短小，对幼树影响较大（图8-8）。

图8-8　猕猴桃线虫病症状

【绿色防控】

（1）农业防治。猕猴桃定植地及苗圃地不要利用原来种过葡萄、棉花、番茄及其他果树的苗圃地，最好采用水旱轮作地作苗圃地和定植地，此法对防治根结线虫病效果很好。此外要重视植株的整形修剪，合理密植，改善园内通风透光条件；多施农家肥，改良土壤，提高土壤的通透性；在果园中最好套种些能抑制根结线虫的植物，如猪屎豆、苦皮藤、万寿菊等，这些植物对根结线虫有一定的抑制作用，一经发现病苗及重病树要挖出烧毁；引进种要严格检疫，发病轻的，可剪去带瘤的根并烧毁，植株的根在 44~46℃的温水中浸泡 5 分钟。

（2）化学防治。患病轻的种苗可先剪去发病的根，然后将根部浸泡在 1%的异丙三唑硫磷、克线丹等农药中 1 小时。对可疑有根结线虫的园地，定植前每亩用 10%克线丹 3~5 千克进行沟施，然后翻入土中。称猴桃园中发现轻病株可在病树冠下 5~10 厘米的土层撒施 10%克线丹（每亩撒入 3~5 千克），施药后要浇水。苗圃地发现病株，可用 1.8%阿维菌素乳油，每亩用 680 克对水 200 升，浇施于耕作层（深 15~20 厘米），效果好，且无残毒遗留，对人畜安全。用 3%米尔乐颗粒剂撒施、沟施或穴施，每亩用 6~7 千克，药效期长达 2~3 个月。

第七节　猕猴桃灰纹病

【为害与诊断】

叶片受害，病斑多从叶片中部或叶缘开始发生，圆形或近圆形，病健交界不明显，灰褐色，具轮纹，上生灰色霉状物，病斑较大，常为 1~3 厘米，春季发生较普遍（图 8-9）。

图 8-9　猕猴桃灰纹病为害叶片

【绿色防控】

清除病叶，减少初侵染源。生长期喷洒 80%代森锰锌可湿性粉剂 800 倍液。

第九章　核桃病害诊断与绿色防控

第一节　核桃腐烂病

【为害与诊断】

核桃腐烂病又称烂皮病、黑水病，主要为害枝干，在较大枝干上常形成溃疡型病斑，在小枝条上多形成枝枯型症状。

（1）溃疡型。初期病斑近梭形，暗灰色，水渍状，微肿起，外表症状不明显；扩展后表皮下组织呈褐色腐烂，有酒糟味，潜隐在表皮下，俗称"湿串皮"。有时许多病斑呈小岛状相互串联，表面常有黑褐色液体流出，即为"流黑水"。皮下病斑沿树干纵横扩展，但以纵向扩展快而显著，常达数厘米甚至 20～30 厘米以上，后期病部皮层多纵向开裂，并沿裂缝流出黏稠状黑水，黑水干后乌黑发亮似黑漆状。病斑后期失水下陷，表面散生许多小黑点（子座及分生孢子器），潮湿时小黑点上可涌出橘红色胶质丝状物（孢子角）。严重时，病斑环绕枝干一周，导致上部树体死亡（图 9-1、图 9-2）。

（2）枝枯型。病斑扩展迅速，腐烂皮层快速失水，导致枝条干枯。表面散生许多小黑点，其上亦有橘红色胶质丝状物溢出。

【绿色防控】

壮树防病是基础，及时治疗病斑与铲除树体所带病菌为辅助。

图 9-1　主干上发生腐烂病，　　图 9-2　主干上病斑呈"湿串皮"状，
　　　　导致植株枯死　　　　　　　　　　表面多处流出黑水

　　（1）加强栽培管理。增施农家肥等有机肥，科学施用速效化肥，改良土壤，雨季注意及时排水，促进根系发育良好，促使树体生长健壮，提高抗力。秋后、早春对树干涂刷涂白剂，防止树干发生冻害或日灼伤。

　　（2）刮治病斑。经常检查，发现病斑及时进行刮治，一般在早春进行较好。彻底刮除病斑后，伤口表面涂药进行消毒。常用有效药剂有：30%龙灯福连（戊唑·多菌灵）悬浮剂 50~100 倍液、70%甲基托布津可湿性粉剂 50~100 倍液、50%多菌灵可湿性粉剂 30~50 倍液、2.12%腐植酸铜水剂原液等。

　　（3）发芽前喷药。早春树液开始流动时全园喷洒 1 次铲除性药剂，铲除树体所带病菌，减轻病斑为害。效果较好的铲除性药剂有：30%龙灯福连悬浮剂 400~600 倍液、60%统佳（铜钙·多菌灵）可湿性粉剂 300~400 倍液、77%多宁（硫酸铜钙）可湿性粉剂 400~500 倍液、45%代森铵水剂 200~300 倍液等。

第二节　核桃枝枯病

【为害与诊断】

核桃枝枯病主要为害小枝，多从顶梢嫩枝开始发生，逐渐向下蔓延。初期枝条皮层呈暗灰褐色，稍凹陷，病健交界处的健组织常稍隆起（图9-3）；后逐渐变为浅红褐色，最后成深灰色。病部皮层坏死、干缩，很快扩展绕枝条一周，造成枝枯，其上叶片逐渐变黄脱落（图9-4）。枯枝表面逐渐散生出许多黑色小粒点（分生孢子盘），湿度大时，小黑点上可产生呈馒头状突起的黑色团块（分生孢子及黏液）。

图9-3　枝枯病发生前期　　　图9-4　枝枯病导致枝梢干枯

树势衰弱是导致该病发生的主要条件，冻害、早春干旱、过度密植、排水不良等均可加重枝枯病发生。

【绿色防控】

（1）搞好果园卫生。结合修剪，发芽前彻底剪除病枯枝，集中带到园外烧毁，消灭病菌越冬场所，减少园内菌量。生长季节，发现病枝及时剪除，防止病害扩散蔓延。

（2）加强栽培管理。增施绿肥、农家肥等有机肥，合理施用氮、磷、钾肥及中微量元素肥料，促使树势生长健壮，提高树体抗病能力。及时防治虫害，避免造成各种机械伤口，减少病菌侵染途径。合理密植，科学修剪，雨季及时排水，创造不利于病害发生的环境条件。

第三节　核桃溃疡病

【为害与诊断】

核桃溃疡病主要为害枝干，有时也可为害枝条。初期在枝干表皮下形成褐色泡状溃疡斑，随溃疡斑扩展，表面稍隆起，皮下组织呈褐色至黑褐色近圆形坏死，且泡内充满褐色黏液；皮下坏死斑逐渐扩大，表皮发生开裂，流出褐色液体，导致裂缝下组织呈黑褐色；后期病斑呈梭形或长条形，病组织变黑褐色坏死；最后病斑干缩下陷，表面逐渐散生出许多小黑点（分生孢子器），潮湿时其上溢出灰白色黏液（分生孢子）（图9-5、图9-6）。溃疡病常造成树势衰弱，严重时导致植株死亡。

【绿色防控】

（1）加强果园管理。增施农家肥等有机肥，按比例科学施用氮、磷、钾肥及中微量元素肥料，培强树势，提高树体抗病能力。雨季注意排水，地下水位偏高的地区尽量采用高垄或台地栽培。秋后及早春适当树干涂白，防止发生冻害及日灼伤。

（2）适当病斑治疗。在核桃流水期过后发现病斑及时进行

图9-5　核桃溃疡病皮下
褐色溃疡斑

图9-6　溃疡病皮下病组织
呈黑褐色坏死

刮治，将病组织彻底刮除干净，然后涂药保护伤口。常用有效
药剂同"核桃腐烂病"病斑涂抹用药。

（3）清除树体所带病菌。结合修剪，彻底剪除病枯枝，集
中烧毁。发芽前全园喷施1次铲除性药剂，杀灭树体表面的越
冬病菌。常用有效药剂同"核桃腐烂病"发芽前用药。

第四节　核桃轮纹病

【为害与诊断】

　　核桃轮纹病主要为害枝干，在枝干上形成坏死斑。病斑多
以皮孔为中心，先产生瘤状突起，后突起逐渐成褐色坏死，形
成近圆形褐色坏死斑，病斑外围常有黄褐色稍突起晕环，后期
病斑边缘可产生裂缝。在衰弱树或衰弱枝上，病斑扩展较快，
突起不明显，多表现为凹陷坏死斑，外围亦有黄褐色稍隆起环。

病斑后期或在两年生病斑上，逐渐散生有不规则小黑点（分生孢子器）。轮纹病多为零星发生，主要造成树势衰弱（图9-7、图9-8）。

图9-7　小枝上的核桃轮纹病病斑

图9-8　病斑扩展后呈近圆形，边缘开裂

【绿色防控】

核桃轮纹病属零星发生病害，一般不需单独进行防治。通过加强栽培管理，壮树防病即可有效控制其发生为害。个别轮纹病发生较重核桃园，结合其他枝干病害（如腐烂病、溃疡病等）的发芽前喷施铲除性药剂进行兼防，即可有效预防该病的发生为害。

第五节 核桃炭疽病

【为害与诊断】

核桃炭疽病主要为害果实，有时也可为害叶片。果实受害，病斑初为褐色圆形小斑点，稍凹陷；扩大后为黑褐色至黑色，明显凹陷，近圆形或不规则形，病斑表面常有褐色汁液溢出。随病斑发展，病斑表面逐渐产生出呈轮纹状排列的小黑点（分生孢子盘），有时小黑点排列不规则，且随后小黑点上逐渐产生淡粉红色黏液（分生孢子团），有时小黑点不明显，仅能看到淡粉红色黏液。严重时，一个果实上产生有许多病斑，并常相互连片，导致果实外表皮大部分变黑色腐烂；后期腐烂果皮干缩，形成僵果或脱落，病果多无仁或果仁干瘪。叶片受害，形成褐色至深褐色不规则形病斑；有时病斑沿叶缘四周1厘米宽扩展，有的沿主、侧脉两侧呈长条形扩展；严重时叶片枯黄脱落（图9-9、图9-10）。

图9-9 炭疽病初期病斑表面

图9-10 炭疽病典型病斑

【绿色防控】

（1）加强栽培管理。科学密植，合理修剪，使果园通风透光良好，雨季注意及时排水，降低园内环境湿度，创造不利于病害发生的环境条件。

（2）搞好果园卫生，消灭园内病菌。发芽前彻底清除树上、树下的病僵果及落叶，集中深埋或烧毁，消灭病菌越冬场所，减少病菌初侵染来源。生长季节及时剪除病果并深埋，减少园内菌量，防止扩散为害。往年病害发生较重核桃园，建议在发芽前喷施1次铲除性杀菌剂，杀灭园内残余越冬病菌，效果较好的有效药剂有：30%龙灯福连（戊唑·多菌灵）悬浮剂400~600倍液、60%统佳（铜钙·多菌灵）可湿性粉剂300~400倍液、77%多宁（硫酸铜钙）可湿性粉剂400~500倍、45%代森铵水剂200~300倍液等。

（3）生长期及时喷药防治。往年病害发生较重的核桃园，从落花后20天左右开始喷药，或从雨季到来前开始喷药，10~15天1次，连喷3~5次。常用有效药剂有：70%甲基托布津可湿性粉剂或500克/升悬浮剂800~1 000倍液、30%龙灯福连悬浮剂1 000~1 200倍液、25%溴菌腈可湿性粉剂600~800倍液、450克/升咪鲜胺水乳剂1 000~1 500倍液。

第六节　核桃黑斑病

【为害与诊断】

核桃黑斑病又叫细菌性黑斑病、黑腐病，俗称"核桃黑"。主要为害果实和叶片，也可侵害嫩枝。幼果受害，先在果面上产生近圆形油浸状褐色小斑点，边缘多不明显；后逐渐扩大成黑褐色凹陷病斑，圆形或近圆形；病斑扩大可相互连片，并深入果肉，甚至直达果心，导致整个果实全部变黑腐烂，早期脱落。膨大期至近成熟期果实受害，果面上先产生稍隆起的褐色至黑褐色小斑点（图9-11），后病斑逐渐凹陷、颜色变深，较早时外围常有水渍状晕，较晚的晕圈不明显，且后期病斑中部颜色变淡多呈灰褐色。严重时病斑连片，形成黑色大斑。近成熟期果实内果皮已硬化，病斑只局限在外果皮上（图9-12），而导致外果皮变黑腐烂；有时病皮脱落，内果皮外露。

图9-11　膨大期果实上的
初期病斑

图9-12　成熟果上的
中期病斑

　　叶片受害，多从叶脉及叶脉的分叉处开始发生，先产生褐色小点，扩展后成多角形或近圆形褐色至黑褐色小斑点，外围有水渍状晕，常许多病斑散生。严重时多个病斑相互连成不规则形大斑。后期，有时病斑可形成穿孔，重病叶皱缩畸形。叶柄受害，症状表现与膨大期后果实受害相似，初为稍隆起的褐色至黑褐色小点，后病斑中部凹陷，病斑多时常相互连片。

　　嫩枝受害，初期病斑淡褐色，稍隆起，外围常有水浸状晕，扩大后形成长形或不规则形病斑，褐色至黑褐色，稍凹陷；严重时病斑扩展围枝一周，导致病斑以上枝条枯死。

【绿色防控】

　　（1）搞好果园卫生。结合修剪，彻底剪除病枝梢及病僵果，并拣拾落地病果，集中深埋或烧毁，减少果园内病菌来源。
　　（2）发芽前喷药。核桃发芽前，喷施1次77%多宁（硫酸铜钙）可湿性粉剂 400～500 倍液、3～5 波美度的石硫合剂或 45%石硫合剂晶体 60～80 倍液，铲除树上残余病菌。

（3）生长期喷药防治。往年黑斑病发生严重的核桃园，分别在展叶期、落花后、幼果期及果实膨大期各喷药 1 次，即可有效控制该病的发生为害；少数感病品种果园，在雨季还需增加喷药防治 1～2 次，间隔期 10～15 天。常用有效药剂有：80%代森锌可湿性粉剂 600～800 倍液、65%代森锌可湿性粉剂 500～600 倍液、72%硫酸链霉素可溶性粉剂 2 000～3 000倍液、77%多宁可湿性粉剂 800～1 000倍液及 1：1：200 倍波尔多液等。

（4）治虫防病。注意防治核桃举肢蛾，以减少果实伤口。

第七节　核桃白粉病

【为害与诊断】

核桃白粉病有两种，均主要为害叶片，发病后的主要症状特点均是在病叶表面产生白粉状物。严重时，引起叶片早落，影响树势和产量。

白粉病症状一：白粉状物主要产生在叶片正面，粉层较薄甚至不明显，后期在白粉层上形成很小的黑色颗粒。发病初期，叶片正面先产生不明显的白色粉斑，粉斑下叶片组织无明显异常变化；随病情发展，粉斑逐渐扩大、明显，粉层下叶片组织逐渐出现褐变，形成褐色病斑，严重时叶片背面也相应出现水渍状变褐。病斑多时，常相互连片，使整个叶片表面布满较薄的白粉状物，粉层下叶片组织也褐变连片。发病后期，白粉状物上逐渐散生许多初期黄色，渐变褐色，最后黑褐色至黑色的小颗粒（闭囊壳），有时产生小颗粒后白粉层消失或不明显（图 9-13、图 9-14）。

白粉病症状二：白粉状物主要产生在叶片背面，粉层较厚，呈粉霉斑或粉层状，后期在粉层上形成较大的黑色颗粒，且极易形成，叶片组织病变不明显，发病初期，叶片背面先产生白

图 9-13　叶片表面布满
白粉状物

图 9-14　叶正面白粉层下
病叶组织逐渐变褐

色粉斑，后病斑扩展连片，形成白色粉层，甚至布满整个叶背；后期，在白色粉层上逐渐产生初期黄色、渐变黄褐色、最后黑褐色至黑色的颗粒状物（闭囊壳）。

【绿色防控】

（1）消灭越冬菌源。落叶后至发芽前，先树上、后树下彻底清除落叶，集中深埋或烧毁，消灭病菌越冬场所。往年白粉病发生较重果园，发芽前喷施 1 次铲除性药剂，杀灭在树体枝干上附着越冬的病菌。常用有效药剂有：2~3 波美度的石硫合剂、45%石硫合剂晶体 60~80 倍液、30%龙灯福连（戊唑·多菌灵）悬浮剂 300~400 倍液等。

（2）生长期喷药。从果园内初见病斑时开始喷药，10~15天 1 次，连喷 2 次左右即可有效控制白粉病的发生为害。常用有效药剂有：12.5%烯唑醇可湿性粉剂 2 000~2 500倍液、40%腈菌唑可湿性粉剂 7 000~8 000倍液、25%欧利思（戊唑醇）水乳剂 2 000~2 500 倍液、10%苯醚甲环唑水分散粒剂 2 000~2 500倍液、50%醚菌酯水分散粒剂 2 500~3 000倍液、25%乙嘧酚悬浮剂 1 000~1 200倍液、70%甲基托布津可湿性粉剂或 500克/升悬浮剂 800~1 000倍液、30%龙灯福连悬浮剂 1 000~1 200倍液、25%三唑酮可湿性粉剂 1 500~2 000倍液等。

（3）其他措施。合理施肥，增施磷、钾肥，避免偏施氮肥，提高树体抗病能力。

第十章 柑橘病害诊断与绿色防控

第一节 柑橘溃疡病

【为害与诊断】

主要为害叶片、果实和枝梢。叶片染病，初在叶背产生黄色或暗黄绿色油渍状小斑点，后叶面隆起，呈米黄色海绵状物；后隆起部破碎呈木栓状或病部凹陷，形成褶皱；后期病斑淡褐色，中央灰白色，并在病健部交界处形成一圈褐色釉光；凹陷部常破裂呈放射状（图10-1）。果实染病，与叶片上症状相似（图10-2）；病斑只限于在果皮上，发生严重时会引起早期落果。枝梢染病，初生圆形水渍状小点，暗绿色，后扩大灰褐色，木栓化，形成大而深的裂口，最后数个病斑融合形成黄褐色不规则形大斑，边缘明显。

【绿色防控】

加强栽培管理。不偏施氮肥，增施钾肥；控制橘园肥水，保证夏、秋梢抽发整齐。结合冬季清园，彻底清除树上与树下的残枝、残果或落地枝叶，集中烧毁或深埋；控制夏梢，抹除早秋梢，适时放梢；及时防治害虫。

培育无病苗木，在无病区设置苗圃，所用苗木、接穗进行消毒，可用72%农用链霉素可溶性粉剂1 000倍液加1%酒精浸30~60分钟，或用0.3%硫酸亚铁浸泡10分钟。

冬季清园时或春季萌芽前喷45%晶体石硫合剂50~70倍液。

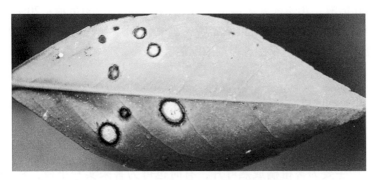

图 10-1　柑橘溃疡病为害叶片背面症状

图 10-2　柑橘溃疡病为害果实初期症状

　　春季开花前及落花后的 10 天、30 天、50 天，夏、秋梢期在嫩梢展叶和叶片转绿时，各喷药 1 次。可用药剂有：72%农用硫酸链霉素可湿性粉剂 3 000～4 500 倍液；20%噻菌铜胶悬剂 300～500 倍液；20%乙酸铜水分散粒剂 800～1 200 倍液；64%福美锌·氢氧化铜可湿性粉剂 500～600 倍液；30%琥胶肥酸铜悬浮剂 400～500 倍液；52%氧氯化铜·代森锌可湿性粉剂 200～

300 倍液；70%氧氯化铜可湿性粉剂 1 000~1 200 倍液；20%噻唑锌悬浮剂 300~500 倍液；77%氢氧化铜可湿性粉剂 400~500 倍液；56%氧化亚铜悬浮剂 500 倍液。

第二节　柑橘黄斑病

【为害与诊断】

　　主要为害柑橘成熟叶片，有时也可为害果实和小枝，常见有两种症状。一种是黄斑型：发病初期在叶背生 1 个或数个油浸状小黄斑（图 10-3），随叶片长大，病斑逐渐变成黄褐色或暗褐色，形成疮痂状黄色斑块。另一种是褐色小圆斑型（图 10-4）：初在叶面产生赤褐色略凸起小病斑，后稍扩大，中部略凹陷，变为灰褐色圆形至椭圆形斑，后期病部中央变成灰白色，边缘黑褐色略凸起，在灰白色病斑上可见密生的黑色小粒点，即病原菌的子实体。果实受害，果面产生褐色的斑点，后逐渐扩大，至整个果面。也可为害柚子，症状同上。

图 10-3　柑橘黄斑病为害叶片黄斑型初期症状

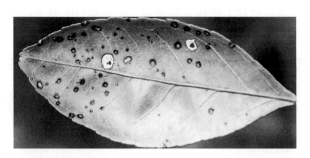

图 10-4　柑橘黄斑病为害叶片症状（褐色小圆斑型，正面）

【绿色防控】

加强橘园管理，增施有机肥，及时松土、排水，增强树势，提高抗病力。及时清除地面的落叶，集中深埋或烧毁。

第 1 次喷药可结合疮痂病防治，在落花后，喷施下列药剂：50%多菌灵可湿性粉剂 600~800 倍液；80%代森锰锌可湿性粉剂 600~800 倍液；70%甲基硫菌灵可湿性粉剂 800~1 000 倍液；77%氢氧化铜可湿性粉剂 800~1 000 倍液；65%代森锌可湿性粉剂 500~600 倍液；70%丙森锌可湿性粉剂 600~800 倍液等，间隔 15~20 天喷 1 次，连喷 2~3 次。

第三节　柑橘黑星病

【为害与诊断】

主要为害果实，症状分黑星型和黑斑型两类。黑星型：病斑圆形，红褐色，后期病斑边缘略隆起，呈红褐色至黑色，中部略凹陷，为灰褐色，常长出黑色粒状的分生孢子器。果上病斑达数十个时，可引起落果。黑斑型（图 10-5）：初期斑点为淡黄色或橙黄色，以后扩大形成不规则的黑色大病斑，中央部分有许多黑色小粒点。病害严重的果实，表面大部分可以被许多互相联合的病斑所覆盖。叶片上的病斑与果实上的相似(图10-6)。也可为害柚子，症状同上。

图10-5　柑橘黑星病病果黑斑型

图10-6　柑橘黑星病为害叶片症状

【绿色防控】

加强橘园栽培管理。采用配方施肥技术，调节氮、磷、钾比例；低洼积水地注意排水；修剪时，去除过密枝叶，增强树体通透性，提高抗病力；清除初侵染源，秋末冬初结合修剪，剪除病枝、病叶，并清除地上落叶、落果，集中销毁，同时喷洒 1~2 波美度石硫合剂，铲除初侵染源。

柑橘落花后，开始喷洒下列药剂：50%多菌灵可湿性粉剂800~1 000倍液；80%代森锰锌可湿性粉剂 500~800 倍液；40%多菌灵·硫磺悬浮剂 600~800 倍液；50%多菌灵·乙霉威可湿性粉剂 1 000~1 500倍液；50%甲基硫菌灵可湿性粉剂 500~800 倍液；30%氧氯化铜悬浮液 700~900 倍液；50%苯菌灵可湿性粉剂 1 000~1 500倍液，间隔 15 天喷 1 次，连喷 3~4 次。

第四节　柑橘青霉病、绿霉病

【为害与诊断】

青霉病和绿霉病分布普遍，是柑橘贮运期间最严重的病害（图 10-7）。

图 10-7　柑橘青霉病贮藏期为害情况

这两种病害的症状相似：发病初期，多从果蒂或伤口处发病，在果实表面出现水渍状病斑，呈褐色软腐，后长出白色霉层，以后又在其中部长出青色或绿色粉状霉层，霉层带以外仍存在水渍状环纹，病斑后期可深入果肉，导致全果腐烂。不同之处：青霉病以开始贮藏时发生较多，不会附着包装纸，能闻到发霉气味（图 10-8、图 10-9）。绿霉病以贮藏中后期发生较多，仅长在果皮上，霉层常附着在包装纸上，能闻到一股芳香气味。

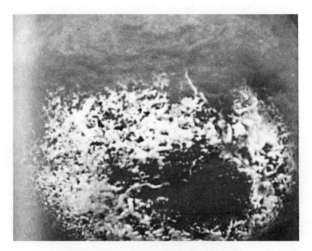

图 10-8　绿霉病果实染病初期症状

【绿色防控】

采收、包装和运输中尽量减少伤口。不宜在雨后、重雾或露水未干时采收。注意橘果采收时的卫生。要避免拉果剪蒂、果柄留得过长及剪伤果皮。

贮藏库及其用具消毒。贮藏库可用 10 克/立方米硫黄密闭薰蒸 24 小时，或与果篮、果箱、运输车箱一起用 70%甲基硫菌灵可湿性粉剂 200~400 倍液或 50%多菌灵可湿性粉剂 200~400 倍液消毒。

图 10-9　绿霉病病果表面的绿色霉层

采收前 7 天，喷洒下列药剂：70%甲基硫菌灵可湿性粉剂 1 000~1 500倍液；50%苯菌灵可湿性粉剂 1 500~2 000倍液；50%多菌灵可湿性粉剂 1 000~2 000倍液。

采后 3 天内，可用下列药剂：50%甲基硫菌灵可湿性粉剂 500~1 000 倍液；50%多菌灵可湿性粉剂 500~1 000 倍液；50%抑霉唑乳油 1 000~1 400 倍液；14%咪鲜胺·抑霉唑乳油 600~800 倍液；25%咪鲜胺乳油 2 000~2 500 倍液；40%双胍辛胺可湿性粉剂 2 000 倍液；50%咪鲜胺锰盐可湿性粉剂 1 000~2 000倍液；45%噻菌灵悬浮剂 3 000~4 000 倍液浸果，预防效果显著。

第五节　柑橘疮痂病

【为害与诊断】

主要为害叶片、新梢和果实，尤其易侵染幼嫩组织。叶片染

病，初生蜡黄色油渍状小斑点，后渐扩大，形成灰白色至暗褐色
圆锥状疮痂，后病斑木质化凸起，叶背突出，叶面凹陷，病斑不
穿透叶片，散生或连片，病害发生严重时叶片扭曲、畸形（图10-
10）。新梢染病，与叶片症状相似，枝梢与正常枝相比较为短小，
有扭曲状。幼果染病，果面密生茶褐色小斑，后扩大在果皮上形
成黄褐色圆锥形，木质化的瘤状突起（图10-11）。近成熟果实发
病，病斑小不明显。

图 10-10　柑橘疮痂病为害叶片后期症状

图 10-11　柑橘疮痂病为害果实初期症状

【绿色防控】

合理修剪、整枝，增强通透性，降低湿度；控制肥水，促使新梢抽发整齐；结合修剪和清园，彻底剪除树上残枝、残叶；并清除园内落叶，集中烧毁。

对外来苗木实行严格检疫或将新苗木用50%苯菌灵可湿性粉剂800倍液、50%多菌灵可湿性粉剂800倍液浸30分钟。

第六节　柑橘炭疽病

【为害与诊断】

可为害地上部的各个部位。叶片受害症状分叶斑型及叶枯型两种。

叶斑型症状多出现在成长叶片、老叶边缘或近边缘处，病斑近圆形，稍凹陷，中央灰白色，边缘褐色至深褐色；潮湿时可在病斑上出现许多朱红色带黏性的小液点，干燥时为黑色小粒点，排列成同心轮状或呈散生（图10-12、图10-13）。叶枯型：症状多从叶尖开始，初期病斑呈暗绿色，渐变为黄褐色，叶卷曲，常大量脱落。枝梢症状分为两种：急性型：发生于连续阴雨时刚抽出的嫩梢，似开水烫伤状，后生橘红色小液点。慢性型：多自叶柄基部腋芽处发生，病斑椭圆形淡黄色，后扩大为长梭形，一周后变灰白枯死，上生黑色小点。幼果初期症状为暗绿色凹陷不规则病斑，后扩大至全果，湿度大时，出现白色霉层及红色小点，后变成黑色僵果。成熟果发病，一般从果蒂部开始，初期为淡褐色，以后变为褐色凹陷而腐烂。泪痕型：受害果实的果皮表面有许多条如眼泪一样的红褐色小凸点组成的病斑。也可为害柚子，症状同上。

发病，6—8月为发病盛期。8月上中旬至9月下旬为盛期。在高温多湿条件下发病，一般春梢生长后期开始发病，夏、秋

图 10-12　柑橘炭疽病为害叶片叶斑型症状

图 10-13　柑橘炭疽病为害叶片叶斑型叶背症状

梢期盛发。栽培管理不善，在缺肥、缺钾或偏施氮肥、干旱或排水不良、果园密度大通风透光差、遭受冻害以及潜叶蛾和其他病虫为害严重的橘园，均能助长病害发生。在温度适宜发病季节，降雨次数多、时间长，或阴雨绵绵，有利于病害流行。

【绿色防控】

加强橘园管理，重视深翻改土；增施有机肥，防止偏施氮肥，适当增施磷、钾肥；雨后排水；及时清除病残体，集中烧毁或深埋，以减少菌源；修去树冠上衰弱枝、交叉枝、扫帚枝。

冬季清园时喷施 1 次 0.8～1 波美度石硫合剂，同时可兼治其他病害。

在病害发生前期，可喷施下列药剂：65%代森锌可湿性粉剂 600～800 倍液；50%代森铵水剂 800～1 000 倍液；70%丙森锌可湿性粉剂 600～800 倍液；25%多菌灵可湿性粉剂 500～800 倍液；50%多菌灵·代森锰锌可湿性粉剂 500～800 倍液；80%代森锰锌可湿性粉剂 600～1 000 倍液；50%甲基硫菌灵可湿性粉剂 600～800 倍液等。

在春、夏、秋梢及嫩叶期、幼果期各喷药 1 次，可喷施下列药剂：25%嘧菌酯悬浮剂 800～1 250 倍液；80%福美锌·福美双可湿性粉剂 800～1 000 倍液；80%甲基硫菌灵·福美双可湿性粉剂 1 100～1 600 倍液；35%丙环唑·多菌灵悬乳剂 840～1 240 倍液。

第七节　柑橘黄龙病

【为害与诊断】

枝、叶、花、果及根部均可显症，尤以夏、秋梢症状最明显。发病初期，部分新梢叶片黄化，树冠顶部新梢先黄化，逐渐向下发展，经 1～2 年后全株发病，3～4 年后失去经济价值。叶肉变厚、硬化、叶表无光泽，叶脉肿大，有些肿大的叶脉背面破裂，似缺硼状（图 10-14、图 10-15）。病树开花早而多，花瓣较短小，肥厚，淡黄色，无光泽。根部症状主要表现为腐烂，其严重程度与地上枝梢相对称。果实受害，畸形，着色不均，常表现为"红鼻子"果。也可为害柚子，症状同上。

图 10-14　柑橘黄龙病为害叶片初期症状

图 10-15　柑橘黄龙病为害叶片后期症状

【绿色防控】

　　加强检疫。杜绝病苗、病穗传入无病区和新建的橘园。对幼龄树，在生长季节的 4—8 月，每月施 1 次稀薄水肥，年施肥

4~6次。对结果树，每年要施好萌芽肥、稳果肥、壮果肥和采果肥。同时，也要科学地进行水分管理，要保证水分及时、适量供应。

播种前砧木种子用50~52℃热水预浸5分钟，再用55~56℃温水浸泡50分钟。接穗选自无病毒的高产优质母树，用1 000毫克/千克盐酸四环素液浸泡2小时，取出后用清水洗净再嫁接。

防治传病媒介柑橘木虱，嫩梢抽发期可用下列药剂：40%乐果乳油1 000~2 000倍液；90%晶体敌百虫800~1 000倍液；25%亚胺硫磷乳油400~600倍液；25%噻嗪酮可湿性粉剂1 500~2 000倍液。

病树治疗。重病树立即挖除；轻病树，可在主干基部钻孔，深达主干直径的2/3，从孔口注射药液，每株成年树注射1 000毫克/千克盐酸四环素液2~5升。

第八节　柑橘树脂病

【为害与诊断】

橘树染病后致枝叶凋萎或整株枯死。枝干染病，有流胶和干枯两种类型。流胶型：病部初期呈灰褐色水渍状，组织松软，皮层具细小裂缝，后期流有褐色胶液（图10-16），边缘皮层干枯或坏死翘起，致木质部裸露。干枯型：皮层初呈红褐色、干枯稍凹陷，有裂缝、皮层不易脱落，病健部相接处具明显隆起界线，流胶不明显（图10-17）。果实染病，表面散生黑褐色硬质突起小点，有的很多密集成片，呈砂皮状，果心腐烂比果皮快，当果皮1/3~1/2腐烂时，果心已全部腐烂，故又叫"穿心烂"。也可为害柚子，症状同上。

图 10-16　柑橘树脂病为害枝梢症状（流胶型）

图 10-17　柑橘树脂病为害枝梢症状（干枯型）

【绿色防控】

　　加强管理，主要是防冻、防涝、避免日灼及各种伤口，以减少病菌侵染。剪除病枝，收集落叶，集中烧毁或深埋。

　　可于春芽萌发期喷 1 次 0.8 : 0.8 : 100 等量式波尔多液，喷洒时注意主干及大枝部分。

认真刮除病枝或病干上病皮，病部伤口涂抹下列药剂：36%甲基硫菌灵悬浮剂100倍液；50%苯菌灵可湿性粉剂200倍液；25%甲霜灵可湿性粉剂100~200倍液；80%三乙膦酸铝可湿性粉剂100倍液。

若施药后再用无色透明乙烯薄膜包扎伤口，防效更佳。必要时结合防治炭疽病、疮痂病，于发病初期喷下列药剂：50%苯菌灵可湿性粉剂1 000~1 500倍液；50%甲基硫菌灵·硫黄悬浮剂500~600倍液；80%代森锰锌可湿性粉剂400~600倍液；80%克菌丹水分散粒剂600~1 000倍液；70%甲基硫菌灵可湿性粉剂1 000~2 000倍液；60%多菌灵盐酸盐可湿性粉剂800~1 000倍液。

第九节　柑橘脚腐病

【为害与诊断】

主要为害根颈部，地上部也可受害。根颈部染病，初期病部褐色，湿腐，具酒糟气味，流有胶液。后期如天气干燥，病部常干裂，条件适宜时，病斑迅速扩展，严重的环绕整个树干，致橘树死亡（图10-18）。果实发病时，先为圆形的淡褐色病斑，后渐变为褐色水渍状软腐，长出白色菌丝（图10-19），有腐臭味，病健部明显，干燥时病斑干韧。

【绿色防控】

选用抗病砧木是防治此病的根本措施。嫁接时，适当提高嫁接口位置，不宜定植太深。加强管理，低洼积水地注意排水，合理修剪，增强通透性，避免间作高秆作物。

发现病树，及时将腐烂皮层刮除，并刮掉病部周围健全组织0.5~1厘米，然后于切口处涂抹下列药剂：10%等量式波尔

图 10-18　柑橘脚腐病整株受害症状

图 10-19　柑橘脚腐病为害果实症状

多液；2%~3%硫酸铜液；80%三乙膦酸铝可湿性粉剂 100~200
倍液；25%甲霜灵可湿性粉剂 400~500 倍液。

第十节　柑橘煤污病

【为害与诊断】

　　主要为害叶片、枝梢及果实，初期仅在病部生一层暗褐色
小霉点，后期逐渐扩大，直至形成绒毛状黑色或暗褐色霉层，

并散生黑色小点，即病菌的闭囊壳或分生孢子器（图 10-20、图 10-21）。

图 10-20　柑橘煤污病为害叶片前期症状

图 10-21　柑橘煤污病为害叶片后期症状

【绿色防控】

及时防治蚧壳虫、粉虱、蚜虫等刺吸式口器害虫，加强橘园管理。

发病初期，喷施下列药剂：40%克菌丹可湿性粉剂400倍液；0.5∶1∶100倍式波尔多液；90%机油乳剂200倍液；50%多菌灵可湿性粉剂600~800倍液。

第十一节　柑橘黑腐病

【为害与诊断】

主要为害果实。果面近脐部变黄，似成熟果，后病部变褐，呈水渍状，不断扩大，呈不规则状，四周紫褐色，中央色淡，湿度大时，病部表面长出白色气生菌丝，后转为墨绿色，致果瓣腐烂，果心空隙长出墨绿色绒状霉菌，严重的果皮开裂。幼果染病，多发生在果蒂部，后经果柄向枝上蔓延，造成枝条干枯，致幼果变黑或成僵果早落（图10-22、图10-23）。

图10-22　柑橘黑腐病为害果实初期症状

图 10-23　柑橘黑腐病为害果实后期症状

【绿色防控】

　　加强橘园管理，在花前、采果后增施有机肥，做好排水工作，雨后排涝，干旱时及时浇水，保证水分均匀供应。及时剪除过密枝条和枯枝，及时防虫，以减少人为伤口和虫伤。

　　发病初期，可喷施下列药剂：75%百菌清可湿性粉剂 600~800 倍液；70%代森猛锌可湿性粉剂 500~600 倍液；40%克菌丹可湿性粉剂 400~500 倍液。

第十一章　板栗病害绿色防控

第一节　板栗芽枯病

【为害与诊断】

　　板栗芽枯病主要为害嫩芽、新梢及叶片。嫩芽受害，刚萌发时即可发生，初呈淡褐色水渍状，后病芽或病梢变褐枯死。新梢受害，多从顶端开始发生，初为淡褐色水渍状，逐渐导致新梢上部甚至整个新梢变褐枯死；新梢受害常引起花穗枯死、脱落，在新梢上留下疮痂状伤痕（图11-1、图11-2）。幼叶受害，先产生暗绿色水渍状病斑，后逐渐造成整个小叶变黑褐色、枯死。较大叶片受害，形成不规则形褐色枯死斑，周围有黄绿色晕圈；病斑多沿主脉向内发展，造成叶片向内卷曲。

图11-1　新梢顶端受害、枯死

图11-2 多个嫩芽梢受害、枯死

【绿色防控】

（1）搞好果园卫生。结合修剪，彻底剪除病枯梢，集中烧毁或深埋。萌芽至新梢生长期，及时剪除发病枝梢及病叶，集中深埋。往年病害发生较重栗园，萌芽初期喷施1次77%多宁（硫酸铜钙）可湿性粉剂500~600倍液或1：1：160倍波尔多液等，杀灭越冬病菌。

（2）生长期喷药防治。往年病害发生较重栗园，在新梢1~2厘米时开始喷药，10天左右1次，连喷2~3次即可有效控制芽枯病的发生为害。常用有效药剂有：77%多宁可湿性粉剂800~1 000倍液、53.8%氢氧化铜水分散粒剂600~800倍液、72%硫酸链霉素可溶性粉剂2 000~3 000倍液、47%春雷·王铜可湿性粉剂600~800倍液等。

第二节　板栗炭疽病

【为害与诊断】

板栗炭疽病主要为害果实，也可为害栗蓬、叶片、新梢等。果实受害，多从栗蓬开始发生，蓬刺及蓬壳变黑褐色，并逐渐向内部果实上蔓延。受害栗蓬表面常密生黑色小粒点（分生孢子盘），潮湿时可产生淡粉红色黏液（分生孢子团）。有时蓬壳内部可产生灰白色菌丝（图11-3）。栗蓬受害早时，不能长大，多提早脱落。受害晚的栗蓬，病害向内扩展到果实上，且病栗蓬内果实较小。果实上多从尖部开始受害，有时也从底部或侧面开始发生，果皮变黑褐色，尖部常有灰白色菌丝。剖开病果，种仁病斑呈褐色至黑褐色，味苦；随病情加重，种仁干腐萎缩，产生空腔，空腔内常生有灰白色菌丝；最后整个种仁成干腐状。

　　叶片受害，形成暗褐色病斑，多不规则形，后期病斑边缘颜色较深、中部颜色较淡（图11-4）。新梢受害，形成黑褐色凹陷病斑，椭圆形、纺锤形或不规则形，潮湿时表面可产生淡粉红色黏液（分生孢子团）。

图11-3　果实受害表面症状

【绿色防控】

　　(1) 加强栽培管理。增施农家肥等有机肥，按比例科学施用速效化肥，合理结果量，适当灌水，培育壮树，提高树体抗病能力。合理密植，科学修剪，及时剪除过密枝条及枯死枝，促进果园通风透光。

图 11-4　叶片受害症状表现

　　（2）铲除越冬病菌。发芽前，全园喷施 1 次铲除性药剂，杀灭树上越冬病菌。效果较好的药剂有：30%龙灯福连（戊唑·多菌灵）悬浮剂 400~600 倍液、60%统佳（铜钙·多菌灵）可湿性粉剂 300~400 倍液、77%多宁（硫酸铜钙）可湿性粉剂 300~400 倍液、45%代森铵水剂 200~300 倍液等。

　　（3）生长期药剂防治。从雨季到来前或落花后半月左右开始喷药，10~15 天 1 次，南方栗区连喷 3 次左右，北方栗区连喷 2 次左右。往年病害发生严重果园，采收前半月左右最好再喷药 1 次。常用有效药剂有：80%太盛或必得利（全络合态代森锰锌）可湿性粉剂 800~1 000 倍液、50%美派安（克菌丹）可湿性粉剂 600~800 倍液、70%丙森锌可湿性粉剂 600~800 倍液、70%代森联水分散粒剂 800~1 000 倍液、80%代森锌可湿性粉剂 600~800 倍液、70%甲基托布津可湿性粉剂或 500 克/升悬浮剂 800~1 000 倍液、30%龙灯福连悬浮剂 1 000~1 200 倍液、25%溴菌腈可湿性粉剂 600~800 倍液、450 克/升咪鲜胺乳油 1 200~1 500 倍液、10%苯醚甲环唑水分散粒剂 1 500~2 000 倍液、25%欧利思（戊唑醇）水乳剂 2 000~2 500 倍液等。

第三节　板栗种仁斑点病

【为害与诊断】

　　板栗种仁斑点病又称种仁干腐病、栗黑斑病，主要为害果实，造成种仁出现病斑甚至腐烂，是板栗采后贮运和销售过程中的重要病害。刚采收时种仁没有明显异常，随贮运时间延长，病害发生逐渐加重。初期，种仁上先产生淡褐色、褐色或黑褐色斑点，圆形、近圆形或不规则形；然后逐渐发展成淡褐色至黑褐色病斑，圆形或不规则形，有时病斑表面可产生灰色或黑色霉状物；后期，种仁逐渐腐烂或干腐。种仁斑点病症状表现非常复杂，大体归纳为三种主要类型。

　　（1）黑斑型。内种皮上有黑褐色病斑，种仁表面病斑黑褐色至黑色，近圆形或不规则形，多凹陷。病斑表面有时可产生灰黑色霉状物；纵切面多呈漏斗形，灰黑色至黑褐色（图11-5）。很少造成整果腐烂。

图11-5　黑斑型病果种仁表面病斑

　　（2）褐斑型。内种皮上有淡褐色至褐色病斑，种仁表面病斑呈淡褐色或褐色近圆形或不规则形，或病斑呈深褐色不规则形，淡褐色及褐色病斑多凹陷，深褐色病斑凹陷不明显。病斑表面多产生灰白色至灰褐色霉状物；病斑纵切面呈漏斗形或不规则形，淡褐色至褐色（图 11-6）。后期常造成整个果实腐烂。

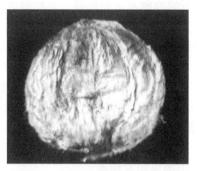

图 11-6　褐斑型病果内种皮上病斑

（3）腐烂型。种仁全部变褐色至黑褐色腐烂，后期外种皮表面常产生许多灰色霉状物（图 11-7）。

图 11-7　腐烂型病果

【绿色防控】

（1）加强生产管理。增施农家肥等有机肥，深翻土壤，适当浇水，合理修剪，培育壮树，是预防果实在树上受害的基础条件。科学采收，避免棍棒敲打，是减少果实受伤的主要措施。加强树上病虫害防治，可在一定程度上减轻病害发生。

（2）加速进入冷藏及冷藏运输。采收后，快速加工、收购、集结，然后进入冷藏，尽量缩短果实在常温下的时间。采收后尽快进入5℃以下的冷藏及运输环境，是控制该病发生的最有效措施。

（3）保持果实含水量。采收后立即进入短期沙藏，保持果实自然含水量；收购、加工、运输及贮藏过程中加强保水措施，避免种仁失水。沙藏、收购、贮运过程中禁止盲目加水，避免造成种仁含水量的剧烈变化，防止其抗病性降低。

（4）盐水漂选。收购时或收购后贮运前，采用7.5%食盐水进行漂选，除去漂浮的病粒，将好果粒捞出、晾干、贮运，降低进入贮运过程中的果实发病率。

第四节　板栗叶斑病

【为害与诊断】

板栗叶斑病又称枯叶病、叶枯病，仅为害叶片。发病初期，叶片上产生红褐色小斑点；后扩大为圆形或椭圆形褐色病斑，外围有暗褐色边缘；有时病斑较大，呈不规则形，后期病斑中部逐渐散生多个黑色小粒点（分生孢子盘）（图11-8）。

图11-8　板栗叶斑病病斑

【绿色防控】

（1）加强栽培管理。落叶后至发芽前，彻底清扫落叶，集中深埋或烧毁，消灭病菌越冬场所，减少越冬菌源。合理修剪，使栗园通风透光良好，降低环境湿度，创造不利于病害发生的环境条件。

（2）适当喷药防治。板栗叶斑病属于零星发生病害，一般栗园不需单独喷药防治。个别往年病害发生较重栗园，从病害发生初期或初见病斑时开始喷药，10~15天1次，连喷2次左右即可有效控制该病的发生为害。效果较好的有效药剂同"板栗叶斑点病"防治有效药剂。

第十二章　果树虫害诊断与绿色防控

第一节　桃蛀螟

【为害与诊断】

　　幼虫为害石榴时，从花或果实的萼筒处钻入，或从果与叶、果与果、果与枝的接触处钻入果内为害，1个受害果中有虫1条或几条，果实里堆积虫粪，造成果实腐烂脱落或挂在树上，虫果率高达40%~70%，大发生时达90%，果农中有十果九蛀的说法（图12-1、图12-2）。

图12-1　桃蛀螟为害石榴果实状

图 12-2　桃蛀螟成虫果树型

【绿色防控】

（1）冬春两季收集树上树下虫果、园内枯枝落叶，刮除翘皮，清除石榴园四周的高粱、玉米、向日葵、蓖麻以消灭越冬幼虫和蛹。

（2）用专用果袋进行套袋，套前喷 1 次药杀灭早期该虫的卵，成熟前 20 天摘袋，好果率高达 97%。

（3）园内安装黑光灯或频振式杀虫灯，或放置糖醋液诱杀成虫。

（4）每亩石榴园四周种植玉米、高粱、向日葵 20～30 株，诱之产卵后集中烧毁。

（5）摘除虫果，捡拾落果，消灭果中幼虫。

（6）在第 1 代、第 2 代成虫产卵盛期，黄淮地区 6 月上旬至 7 月下旬，关键时间是 6 月 20 日至 7 月 30 日，施药 3～5 次，叶面喷洒 20%氯虫苯甲酰胺悬浮剂 2 000 倍液或 24%氰氟虫腙悬浮剂 1 000 倍液。

（7）河南、浙江石榴产区重点抓准第 1 代幼虫初孵期（5 月下旬）及第 2 代幼虫初孵期（7 月中旬）用药，要求在卵孵化

盛期至 2 龄盛发期幼虫尚未钻入果内时进行防治，及时喷洒
25%灭幼脲悬浮剂 1 000倍液或 5%氟铃脲乳油 1 500倍液、25%
阿维·灭幼悬浮剂 2 000倍液、2.5%高效氯氟氰菊酯乳油 2 000
倍液、2.5%溴氰菊酯乳油 2 000倍液。

第二节　小食心虫

【为害与诊断】

　　小食心虫俗称"钻心虫"，属鳞翅目、蛀果蛾科。幼虫体长
13~16 毫米，头黄褐色，前胸盾黄褐色至深褐色，臀板黄褐色
或粉红色。主要以幼虫蛀果为害，导致果实畸形，果内虫道纵
横，并充满大量虫粪（图 12-3、图 12-4）。

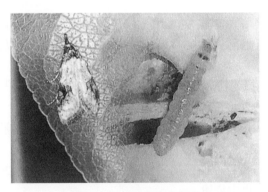

图 12-3　桃小食心虫幼虫

【绿色防控】

　　（1）越冬幼虫出土前，用宽幅地膜覆盖在地面上，防止越
冬代成虫飞出产卵。

　　（2）在越冬幼虫出土前，用草绳在树干基部缠绑 2~3 圈，
诱集出土幼虫入内化蛹，定期检查捕杀。

图 12-4 桃小食心虫成虫

（3）幼果期套袋进行保护。

（4）每 10 天左右摘一次有虫果杀灭果内幼虫。

（5）果园安装黑光灯或利用性诱剂诱杀成虫。

（6）药剂防治。①撒毒土：在桃小食心虫出土前，每亩用5%辛硫磷颗粒剂 2 千克与细土 20~40 千克充分混匀，撒在树干下地面上，整平。②在产卵盛期及幼虫孵化初期喷洒 20%甲氰·辛乳油3 500倍液或20%氰·辛乳油 1 200倍液、24%氰氟虫腙悬浮剂 1 000倍液、5%氯虫苯甲酰胺悬浮剂 1 000倍液、10%高渗烟碱水剂 1 000倍液。

第三节 小实蝇

【为害与诊断】

幼虫蛀食果肉，造成果实腐烂、脱落（图 12-5、图 12-6）。

【形态特征】

成虫头部黄色或黄褐色，肩胛、背侧黄色。幼虫蛆状，3 龄老熟幼虫体长 7~11 毫米。

【绿色防控】

（1）发现受害果，要捡净落地的有虫果集中深埋。果实初

图 12-5　小实蝇成虫

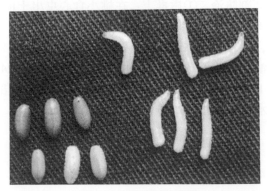

图 12-6　小食蝇幼虫和卵

熟前进行果实套袋。冬季清园控蛹，减少虫源。加强预测预报，建立防治方案。

（2）在幼虫脱果入土盛期和成虫羽化盛期地面喷洒 40% 辛硫磷乳油 800 倍液。主要为害期树冠喷洒 90% 晶体敌百虫 1 000 倍液加 3% 红糖点喷树冠，5～10 天 1 次，连喷 2～3 次。连续防治 2～3 年。采收前 7 天停药。

第四节　蝽　象

【为害与诊断】

　　蝽象，又名"臭屁虫"，属半翅目，我国大部分水果产区都有分布。成虫和若虫将针状口器插入果实、嫩枝、幼茎和叶片内，吸食汁液，造成植株生长缓滞，枝叶萎缩，果实畸形，甚至落花落果（图12-7、图12-8）。

图12-7　麻皮蝽成虫

图12-8　绿盲蝽成虫

【绿色防控】

　　（1）农业防治。①冬季清园，结合清园刮除树干和大枝基部的粗皮、老翘皮，集中深埋或烧毁，消灭越冬若虫。②成虫开始产卵前，在果树枝叉、树干下部绑干草把或蛇皮袋，诱集成虫产卵，及时烧死卵块和成虫，每周更换1次。③套袋：一般在花后20天套袋。

　　（2）化学防治。常用50%杀螟松乳油1 000倍液；40.7%乐斯本乳油2 000倍液；以上药剂混加洗衣粉500倍液效果更佳；

还可用90%晶体敌百虫800~1 000倍液防治，加一些松碱合剂，可提高防治效果。

第五节　金龟子

【为害与诊断】

　　金龟子为金龟子科昆虫的统称，种类多，分布广，常见的有铜绿金龟、黑金龟、茶色金龟等，为害梨、桃、李、葡萄、苹果、柑橘等。主要以成虫为害果实、叶片，也可为害花。成虫将果实吃成空洞或食去大部分果肉，只剩果皮；咬食叶片成网状孔洞和缺刻，严重时仅剩主脉（图12-9、图12-10）。

图12-9　金龟子成虫

【绿色防控】

　　（1）农业防治。可在果园中放养鸡；施用腐熟农家肥；冬春季耙细耕作土，以破坏蛴螬或蛹的越冬土球。

　　（2）物理生物防治。①可在水盆上方点黑光灯、紫外灯或白炽灯诱捕金龟子成虫；②采用白僵菌、苏云金杆菌（制剂有虫死定、青虫灵、菌杀敌、益万农等）等生物制剂，晚间喷雾。

　　（3）化学防治。喷洒30%桃小灵2 000倍液，或用48%乐斯

图 12-10 金龟子将果实吃成空洞

本 2 500 倍液; 或用 80% 敌百虫 1 000 倍液。

第六节 吸果夜蛾

【为害与诊断】

吸果夜蛾种类较多, 是多种果树的重要害虫 (图 12-11)。多在夜间取食, 可为害柑橘、梨、葡萄、桃、李、杨梅、柿子、无花果等多种果实。幼虫为害果树叶、芽及幼苗, 使叶呈缺刻或残留叶面表皮或只剩叶脉。成虫以虹吸式口器刺入果实吸取汁液, 果实被害处有针头大小刺孔, 刺孔处逐渐变色凹陷、腐烂, 最后可导致果实脱落 (图 12-12)。

【绿色防控】

(1) 农业防治。搞好清园消毒工作; 果实套袋。

(2) 物理生物防治。在果园安置黑光灯或频振式杀虫灯进行诱杀; 用 8% 白糖和 1% 食醋的水溶液加 0.2% 氟化钠配成诱杀液挂瓶诱杀。在果园中, 每 1.5 亩设 40 瓦金黄色荧光灯盏, 能

图 12-11　吸果夜蛾

图 12-12　梨果被害处有针头大小刺孔

减轻吸果夜蛾为害。

（3）化学防治。喷施库龙 1 000~1 500倍液（采前 25 天停用）、百树得或功夫乳油 1 500~2 000倍液。

第七节　象　甲

【为害与诊断】

象甲，又称象鼻虫，是象甲科昆虫的通称。种类极多，分布普遍。其中梨象甲主要为害梨、桃、杏等果树。成虫取食嫩叶，啃食果皮果肉，造成果面粗糙，形成"麻脸果"，并于产卵前咬断产卵果的果柄，造成落果。幼虫在果内蛀食，使果实皱缩，凹凸不平（图 12-13、图 12-14）。

图 12-13　梨象甲幼虫

图 12-14　梨象甲成虫

【绿色防控】

（1）农业防治。冬季刮除树皮，消灭越冬幼虫；及时清除死树、死枝，减少虫源。成虫期利用其假死性，于清晨振树捕杀。

（2）化学防治。可选用90%晶体敌百虫600~800倍液，或用50%马拉硫磷1 000倍液，或用5%锐劲特悬浮剂1 000~1 500倍液进行喷雾，15天1次，连喷2~3次。

第八节　蚧壳虫

蚧壳虫是柑橘、柚子上的一类重要害虫，常见的有红圆蚧、褐圆蚧、康片蚧、矢尖蚧和吹绵蚧等。蚧壳虫为害叶片、枝条和果实。蚧壳虫往往是雄性有翅，能飞，雌虫和幼虫一经羽化，终生寄居在枝叶或果实上，造成叶片发黄、枝梢枯萎、树势衰退，且易诱发煤烟病。

【为害与诊断】

在早春树液开始流动以后，蚧壳虫便开始取食，雌成虫产卵后，经数日便可孵化出无蜡质介壳的可移动的小虫，为初孵幼虫。幼虫在观赏植物上爬行，找到适宜的处所后，便把口器刺入花木植物体内，吸取汁液，开始固定生活，使寄主植物丧失营养并大量失水。受害叶片常呈现黄色斑点，日后提早脱落。幼芽、嫩枝受害后，生长不良常导致发黄枯萎。蚧壳虫在为害观赏植物的同时，有的还大量排出蜜露，因而导致烟煤病发生，使叶片不能进行光合作用；受害严重的植株，树势衰退，最后全株枯死。（图12-15、图12-16）。

【绿色防控】

（1）加强果园管理，及时施肥和灌水，满足果树对水肥的需要，提高果树的抗虫能力。

（2）结合整形修剪，烧毁带虫枝条。

（3）抓住蚧壳虫生命活动中2个薄弱环节，采取物理、机械的方法，可以起到事半功倍的防治效果。

（4）在虫害发生前或发生中的任何时期，根部浇灌"根灌

图 12-15　蚧壳虫为害症状（一）

图 12-16　蚧壳虫为害症状（二）

蚧虫清"或药肥"施虫胺、撒虫胺"，一次灌药作业，对各类蚧壳虫的防控可长达一年，达到"一次用药，全年无虫"的效果。根灌药剂被根系吸收后传导至全树的枝干及叶片有效杀虫，但药剂不会分布于花朵和果实上，所以果树使用非常安全。

（5）在虫害多发时期，使用"蚧虫清"喷施，对已发生的蚧壳虫快速杀灭。

第九节　桃天蛾

【为害与诊断】

　　桃天蛾又称枣桃六点天蛾，我国南北均有分布。主要为害桃、樱桃、李、杏、苹果、梨等果树，主要以幼虫为害叶片，可将叶片吃成孔洞或缺刻，甚至吃光，仅剩下叶柄，严重影响果树树势和果实产量（图12-17、图12-18）。

图 12-17　桃天蛾幼虫

图 12-18　桃天蛾为害桃叶

【绿色防控】

　　（1）农业防治。冬季翻耕树盘挖蛹；捕捉幼虫。为害轻微时，可根据树下虫粪搜寻幼虫，捕杀。

　　（2）物理防治。用黑光灯诱杀成虫。

　　（3）化学防治。以幼虫期防治为佳。常用药剂：90%晶体敌百虫1 500倍液或80%敌百虫1 000倍液、20%杀灭菊酯乳油3 000倍液、10%安绿宝乳油3 000倍液。发生严重时，可在3龄幼虫之前喷洒25%天达灭幼脲3号1 500倍液、2%阿维菌素2 000倍液1~2次。

第十节　叶　蝉

【为害与诊断】

叶蝉为同翅目叶蝉科昆虫的通称，多为害叶片。以成虫、若虫吸汁为害，被害叶初现黄白色斑点，渐扩成片，严重时全叶苍白早落（图 12-19、图 12-20）。

图 12-19　叶蝉为害猕猴桃叶片症状

图 12-20　小绿叶蝉成虫

【绿色防控】

（1）农业防治。冬季清园，消灭越冬成虫。

（2）化学防治。掌握在越冬代成虫迁入后，各代若虫孵化盛期及时喷洒 20%叶蝉散（灭扑威）乳油 800 倍液、25%速灭威可湿性粉剂 600~800 倍液、20%害扑威乳油 400 倍液、50%马拉硫磷乳油 1 500~2 000倍液、20%菊马乳油 2 000倍液、2.5%敌杀死或功夫乳油 4 000~5 000倍液、50%抗蚜威超微可湿性粉剂 3 000~4 000倍液、10%吡虫啉可湿性粉剂 2 500倍液、20%扑虱灵乳油 1 000倍液，各种药剂最好轮换使用，每种连续使用次数不要超过 3 次。

第十一节 梨网蝽

【为害与诊断】

梨网蝽属网蝽科害虫，南北均有分布，主要以成虫、若虫在叶片背面刺吸为害。被害叶正面出现苍白斑点，叶片背面因虫所排出的粪便成黑灰色斑点，常导致煤烟病。严重时叶片早期大量脱落，造成二次开花，影响翌年产量（图 12-21、图 12-22）。

图 12-21 梨网蝽成虫

图 12-22 梨网蝽为害叶片症状

【绿色防控】

（1）农业防治。冬季清除枯枝、落叶、杂草，消灭越冬成虫。栽植寄主处，夏季宜遮阴，适当喷水，可减轻为害。9月底至10月初，树干绑草，诱集越冬成虫，集中烧毁。

（2）化学防治。喷洒50%杀螟松乳油1 000倍液，50%辛硫磷乳油1 000倍液，50%晶体敌百虫800~1 000倍液，发生初期及时防治效果较好。

第十二节 刺 蛾

【为害与诊断】

幼虫肥短，蛞蝓状。无腹足，代以吸盘。行动时不是爬行而是滑行。有的幼虫体色鲜艳，附肢上密布褐色刺毛，像乱蓬蓬的头发，结茧时附肢伸出茧外，用以保护和伪装。受惊扰时会用有毒刺毛螫人，并引起皮疹。以植物为食。在卵圆形的茧中化蛹，茧附着在叶间（图12-23、图12-24）。

图12-23 刺蛾幼虫

【绿色防控】

（1）灭除虫茧。根据不同刺蛾结茧习性与部位，于冬、春

图 12-24　刺蛾为害症状

季在树木附近的松土里挖虫茧杀死在土层中的茧可采用挖土除茧。也可结合保护天敌，将虫茧堆集于纱网中，让寄生蜂羽化飞出寄生。

（2）灯光诱集。刺蛾成虫大都有较强的趋光性。成虫羽化期间可安置黑光灯诱杀成虫。

（3）化学防治。药杀应掌握在幼虫 2~3 龄阶段。常用药剂有90%晶体敌百虫 800~1 000倍液、80%敌敌畏乳剂 1 200~1 500倍液。此外，选用拟除虫菊酯类杀虫剂与前 2 种药剂混用或单独使用亦有很好的效果。

（4）生物防治。选用 Bt 杀虫剂在潮湿条件下喷雾使用。在除茧时注意保护寄生蜂类天敌。

第十三节　天　牛

【为害与诊断】

该虫以幼虫蛀害树干基部和主根（树干下常有成堆虫粪），严重影响到树体的生长发育。成虫咬食嫩枝皮层，形成枯梢，也啃食叶片成缺刻状（图 12-25、图 12-26）。

图 12-25 天牛成虫

图 12-26 天牛幼虫

【绿色防控】

（1）农业防治。树干涂白，拒避天牛成虫产卵。于 5 月上旬用涂白剂（石灰：硫黄：水 = 16：2：40）和少量皮胶混合后涂于树主干上。人工捕杀成虫，锤杀卵及初孵幼虫。

（2）化学防治。在幼虫蛀入木质部之前，在主干受害部位用刀划若干条纵伤口，涂以 50% 敌敌畏柴油溶液（1：9），药量以略有药液下淌为宜。若在幼虫蛀入木质部之后，要先将排粪孔处的虫粪和蛀屑清理干净，再插入磷化铝片、丸等，并用泥封死蛀孔及排粪孔。

主要参考文献

李俊强，何锋，杨庆山.2018.果树栽培技术［M］.北京：
　北京工业大学出版社.
吕国强.2015.果树主要病虫害识别与防治彩色图谱［M］.
　郑州：河南科学技术出版社.